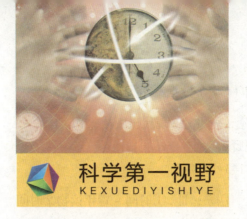

科学第一视野
KEXUEDIYISHIYE

[权威版]

时间

SHIJIAN

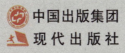

中国出版集团
现代出版社

图书在版编目（CIP）数据

时间 / 杨华编著 . — 北京：现代出版社，2013.1
（科学第一视野）
ISBN 978-7-5143-1014-6

Ⅰ．①时… Ⅱ．①杨… Ⅲ．①时间 – 青年读物②时间 – 少年读物 Ⅳ．① P19-49

中国版本图书馆 CIP 数据核字 (2012) 第 292964 号

时　间

编　著	杨　华
责任编辑	刘春荣
出版发行	现代出版社
地　址	北京市安定门外安华里 504 号
邮政编码	100011
电　话	010-64267325　010-64245264（兼传真）
网　址	www.xdcbs.com
电子信箱	xiandai@cnpitc.com.cn
印　刷	汇昌印刷（天津）有限公司
开　本	710mm×1000mm　1/16
印　张	10
版　次	2014 年 12 月第 1 版　2021 年 3 月第 3 次印刷
书　号	ISBN 978-7-5143-1014-6
定　价	29.80 元

版权所有，翻印必究；未经许可，不得转载

前言 PREFACE

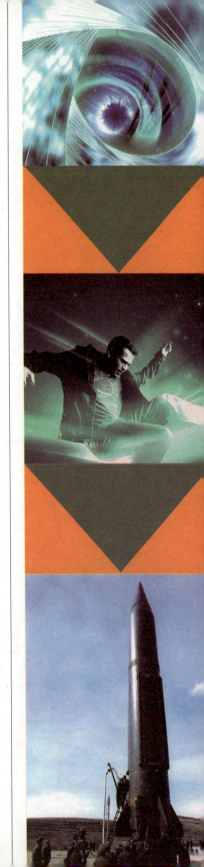

说到时间，大家都不陌生。因为我们每天的生活中，时时刻刻都离不开时间，按时上班，按时上学，按时吃药，按时开会等，无时无刻离不开时间。人们也会被时间所约束着行走在生命的轨迹之中。

那么，人们是从什么时候开始认识时间的呢这个无法考证，但是人们是从什么时候开始计算时间，发明计时的工具的，这是有史可查的。古代先民凭借自己的聪明才智，发明了大量的计时工具，日晷，闹钟，原子钟等。这些伟大的发明创造便利了人们的生活，使人们能更准确的掌握时间，更准确的做事。

一寸光阴一寸金。不错的，虽然时间时时刻刻都在我们周围，但这不代表我们能随意的浪费它。时间对于每一个人来说，都是最宝贵的，由此，我们应该学会科学的时间管理方法。争取节省更多的时间，在最短的时间内做最多的事。

人类科技发展到至今，人们对时间的认识也像更深层次的方向发展了。

现代，人们正在探索时间旅行方面的课题。那是因为人们希望通过时间旅行去探索宇宙，探索更多的外层空间。获取更多的知识，更加了解我们生活的这个空间。

由此，这本《时间》应运而生。在本书中，详细地为大家介绍了时间的定义，时间的单位，时间的管理等几个方面。希望通过阅读这本《时间》，能让大家更珍惜时间，在有限的生命中，做出无限的伟大业绩。

Contents 目录 >>

第一章 什么是时间

时间的概念 2
时间的价值与本原 5
时间的物理概念 7
格林尼治时间 8
时间校准 10
时间正在变慢 14
时间箭头 15
各种时空 24
人类眼中的时间 27

第二章 时间的单位

世　纪 34
年　代 36

年 38

月 40

周 44

日 45

时间的进制起源 47

时间单位换算 49

非常小的时间单位 50

古中国的时间单位 52

第三章 计时的工具

打点计时器 58

早期的计时工具 60

近代计时工具 64

钟表发展史 67

计时码表 70

第四章 时间管理

提高时间使用率 74

如何有效利用时间 77

提高自我时间管理的方法 ………………………………… 79
运用零散时间 ……………………………………………… 82
想办法提高工作效率 ……………………………………… 84
时刻要有时间观念 ………………………………………… 89
掌握"时间管理"的四大法宝 …………………………… 92
生活中这样管理时间 ……………………………………… 95

第五章　时间旅行

什么是时间旅行 …………………………………………… 102
时间旅行的实质——穿越四维空间 ……………………… 104
时间旅行的管道——虫洞 ………………………………… 107
时间旅行的"交通工具"——黑洞 ……………………… 112
时间旅行的关键——光速 ………………………………… 114
让时间旅行成为可能——超新星中微子 ………………… 117
时间旅行的难题——如何建造时间机器 ………………… 122

第六章　和时间有关的文学作品

达利：《永恒的记忆》……………………………………… 130
霍金与《时间简史》………………………………………… 131

罗念生与《时间》 134

林清玄：《和时间赛跑》 136

高尔基的《时钟》 137

第七章 珍惜时间的名人

爱迪生的故事 142

珍惜时间的鲁迅 143

节省时间的椅子 145

惜时如金的莎士比亚 147

巴尔扎克的时间表 149

珍惜时间读书的毛主席 150

第一章
什么是时间

时间虽然充斥着在我们周围,但是叫人一下子说出什么是时间,这恐怕有点强人所难。不错的,一般人都知道时间,但是却无法给时间下一个具体的定义。

时间不是一个通常意义上的概念,它的由来和宇宙大爆炸有着莫大的关系。时间是伴随着宇宙之生而生的,也许有一天也会伴随着宇宙的停止而停止。

时间是个抽象的概念,但是时间又是为人们所熟悉的。对于这个既熟悉又陌生的朋友,我们要充分的认识和了解它。

时间的概念

时间是指宏观一切具有不停止的持续性和不可逆性的物质状态的各种变化过程，其有共同性质的连续事件的度量衡的总称。

时是对物质运动过程的描述，间是指人为的划分。时间是思维对物质运动过程的分割、划分。

探究时间概念的由来，可从地球人公认的时间单位"天"和"年"说起。自人类诞生起，人们就感受着昼夜轮回现象，并把一个昼夜轮回定义为一天时间，以后逐步认识到这是地球自转（一种事物）的表现。再有，人们从春夏秋冬、日月星辰轮回现象的背后认识了地球在绕太阳公转这一事物，并把地球公转一周的过程定义为一年时间。不仅如此，人们还把一天划分为 24 小时或者 12 时辰，把一年划分为 4 个季节、12 个月份等等。人们还拿一年时间与一天时间的长短进行了比较，以 1 年时间（地球公转一周的过程）来对应大约 365 天。

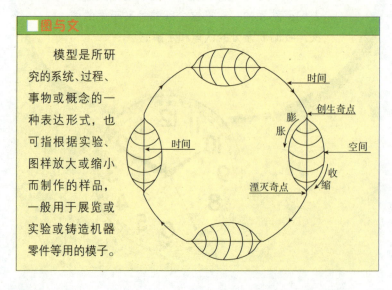

■ 图与文

模型是所研究的系统、过程、事物或概念的一种表达形式，也可指根据实验、图样放大或缩小而制作的样品，一般用于展览或实验或铸造机器零件等用的模子。

时间

通过对时间单位"天"和"年"的分析可以看出，人们对时间的认识其实是围绕着各个（种）事物的存在过程进行的。时间概念是人们在认识事物的基础上，对事物的存在过程进行定义、划分和相互比对而逐步形成和完善的。

事物的存在过程、状态无外乎运动变化或静止。运动变化的事物既可有空间上的位移，也可有性状的改变，有的事物呈现出周期性的运动或变化，而有的则不明显或者没有。那些具有明显周期性变化的事物，其存在过程或阶段，往往被人们用来作为衡量时间长短的依据。例如地球的自转和公转周期、单摆的运动周期、原子的震荡周期等等。人们虽然由观察事物的运动变化而建立起了时间概念，但这并不表明没有运动变化就没有时间或静止对时间没有意义。静止状态也是事物存在的一种形式，比如钻石的分子结构这一事物在通常情况下一般是稳定不变的，不然人们就不会说"钻石恒久远，一颗永流传"。因此，不论事物是运动变化的还是静止的，只要有事物存在就可以对其用时间来描述其存在过程，也就是时间概念里还应体现事物的静止状态这一面。仅仅把时间概念建立在事物的运动变化上是初步和片面的，若能进一步意识到静止也是事物存在过程中的一种状态，将是人们在时间概念上的一个进步。

人们建立时间概念的一个基本目的是为了对时，即对各个（种）事物的先后次序或者是否同时进行比对。人们为了方便相互间的交流和活动，通常以一些具有标志性事物的起止作为对时的标志。例如，以耶稣诞生的年份作为公元纪年的开始、以孙中山宣告中华民国成立的年份成为民国纪年的开始、以运动场上发令枪的声音和

■ 图与文

钻石是指经过琢磨的金刚石，金刚石是一种天然矿物，是钻石的原石。简单地讲，钻石是在地球深部高压、高温条件下形成的一种由碳元素组成的单质晶体。

烟雾就作为某项比赛的开始。

　　人们建立时间概念的另一个基本目的是为了计时，即衡量、比较各个（种）事物存在过程的长短。人们一般不以静止事物的存在过程作为记时的依据，这也许是长期以来人们将时间仅仅看作"运动的存在形式"的一个因素。人们通常选择一些周期性运动变化较为稳定的事物，以其运动周期作为计时依据。比如月相、圭表、日晷、机械钟表、石英钟、原子钟等等，这些事物也就成为人们天然的或人工的计时器。计时器就是人们在一定条件下，通过某个（种）变化事物的存在过程（尤其是周期性的）来衡量其他事物存在过程长短的装置。需要注意的是，任何计时器度量出的时间都是呈现其本身的存在过程，不一定代表其他事物的存在过程。虽然如此，人们还是可以在一定的条件下或通过一定的转换，以某个计时器的运行状态来描述其他事物存在过程的长短或所处阶段。比如以大约 365 个地球自转周期（天）来对应 1 个地球公转周期（年）、以大约 29.5 天来对应 1 个朔望月、用秒表来测量运动员的成绩等等。

　　由以上叙述可以看出，时间概念不应是人凭空杜撰出来的意识，时间概念来自于人们对各个（种）事物存在过程的认识，并通过归纳总结而产生。因此时间概念对应着客观现实——事物的存在过程。人们除了对"东西"——以实物形态呈现的客观事物，比如恒星、行星、分子、原子、细胞等认识以后可以产生了相应的概念，还可以对不是"东西"的非实物形态的客观事实认识以后产生相应的概念。比如国际单位制中七个基本单位所对应的物理量：时间、长度、质量、电流强度、温度、发光强度、物质的量，还有人们的空间、信息、意识等概念反映

图与文

地球公转就是地球按一定轨道围绕太阳转动。像地球的自转具有其独特规律性一样，由于太阳引力场以及自转的作用，而导致地球的公转。

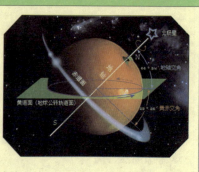

的也是非实物形态的客观事实。所以，如果有人以时间不是"东西"为由，就否认时间概念的客观性显然是荒谬的。

人们不仅用时间来描述物质事物的存在过程，其他非物质事物的存在过程也可用时间去描述。比如说意识方面的，马克思主义是何时产生的，又流传了多久。

人们若是认识到了事物的存在过程是时间的本原，再给时间下定义就不是难事了。时间是事物的存在过程，是所有事物皆具有的天然属性。作为国际单位制中七个基本量纲之一，人们统一以时间来衡量各个（种）事物存在过程的长短和次序，包括运动变化的快慢。

时间的价值与本原

时间的价值：时间是人最大的成本，同样也是每个人的资本和财富。时间对每个人都是公平的，给每个人的一天都是24小时，1440分钟，从你来到这个世界的那天开始，它就陪伴着你过每一天，无论你是贫、是富、是贵、是贱、时间就从来没离开过你。

时间是有限的，同样也是无限的，有限的是每年只有365天，每天24小时，但它周而复始的在流逝，人生匆匆不过几十个春秋，直至老去的那天，时间还是那样，每一分每一秒的在走，像是无限的一样，但它赋予我们每个人的生命是有限的。

鲁迅一家

科学 第一视野 | KEXUE DIYI SHIYE

著名作家鲁迅先生曾经说过：时间是组成生命的材料，浪费别人的时间无异于谋财害命。所以我们做任何事情，都必须认认真真，不要浪费自己的一分一秒，更不要浪费别人的时间。

时间的本原：时间的本原就是事物的存在过程。时间是所有事物皆具有的天然属性，时间是存在的表征，是过程的记录，是人们描述事物存在过程及其片段的参数。

事物的存在状态无外乎静止及运动变化，事物的运动变化既有其在空间上的位移，也有其性状的改变。时间是判别一般事物是处于静止阶段还是运动变化阶段的关键。

一般事物都有其开始的一刻，也有其结束的一刻。但至少有一个事物除外，这就是绝对空间。绝对空间的存在过程——绝对时间就无始无终。而其他事物的存在过程都可对应于绝对时间的某一部分。当然，其他事物的时间在一定条件下也可相互对应。

时间也是有起源的，就如宇宙也是有起源的，宇宙的产生同时伴随有时间的产生，绝对静止的物体周围是没有时间的，运动着的物体周围则有时间。我们所处的地球是运动的，它会自转，所以地球上面是有时间的，假如没有自转，那么，它也会有时间的，因为它也在公转，假如没有公转，地球上也是有时间的，太阳系是运动的，银河系乃至整个宇宙都处于运动的状态，若是整个宇宙都处于绝对的静止，那么也就不会有时间。

图与文

宇宙是由空间、时间、物质和能量所构成的统一体，是一切空间和时间的综合。

时间的物理概念

最广泛被接受关于时间的物理理论是爱因斯坦的相对论。在相对论中,时间与空间一起组成四维时空,构成宇宙的基本结构。时间与空间都不是绝对的,观察者在不同的相对速度或不同时空结构的测量点,所测量到时间的流逝是不同的。狭义相对论预测一个具有相对运动的时钟之时间流逝比另一个静止的时钟之时间流逝慢。另外,广义相对论预测质量产生的重力场将造成扭曲的时空结构,并且在大质量(例如:黑洞)附近的时钟之时间流逝比在距离大质量较远的地方的时钟之时间流逝要慢。现有的仪器已经证实了这些相对论关于时间所作精确的预测,并且其成果已经应用于全球定位系统。

就今天的物理理论来说时间是连续的,不间断的,也没有量子特性。但一些至今还没有被证实的,试图将相对论与量子力学结合起来的理论,如量子重力理论,弦理论,M 理论,预言时间是间断的,有量子特性的。一些理论猜测普朗克时间可能是时间的最小单位。

根据史蒂芬·霍金(Stephen·W.Hawking)所解出广义相对论中的爱因斯坦方程式,显示宇宙的时间是有一个起始点,由大霹雳(或称大爆炸)开始的,在此之前的时间是毫无意义的。而物质与时空必须一起并存,没有物质存在,时间也无意义。

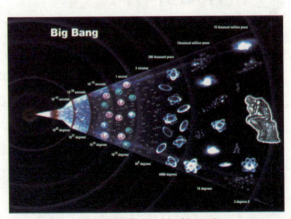

宇宙的爆炸是时间的开端

■ 图与文

霍金是英国剑桥大学应用数学及理论物理学系教授,当代最重要的广义相对论和宇宙论家,是当今享有国际盛誉的伟人之一,被称为在世的最伟大的科学家,还被称为"宇宙之王"。

从人类的开始人们就知道时间是不可逆的,人出生,成长,衰老,死亡,没有反过来的。玻璃瓶掉到地上摔破,没有破瓶子从地上跳起来合整的。从经典力学的角度上来看,时间的不可逆性是无法解释的。两个粒子弹性相撞的过程顺过来反过去没有实质上的区别。时间的不可逆性只有在统计力学和热力学的观点下才可被理论的解释。热力学第二定律说在一个封闭的系统中(我们可以将宇宙看成是最大的可能的封闭系统)熵只能增大,不能减小。宇宙中的熵增大后不能减小,因此时间是不可逆的。

格林尼治时间

格林尼治时间,亦称"世界时"。

格林尼治时间也是格林尼治所在地的标准时间。现在不光是天文学家使用格林尼治时间,就是在新闻报刊上也经常出现这个名词。我们知道各地都有各地的地方时间。如果对国际上某一重大事情,用地方时间来记录,就会感到复杂不便,而且将来日子一长容易搞错。因此,天文学家就提出一个大家都能接受且又方便的记录方法,那就是以格林尼治的地方时间为标准。

格林尼治是英国伦敦南郊原格林尼治天文台的所在地,它又是世界上

地理经度的起始点。对于世界上发生的重大事件,都以格林尼治的地方时间记录下来。一旦知道了格林尼治时间,人们就很容易推算出相当的本地时间。

例如:某事件发生在格林尼治时间上午8时,我国在英国东面,北京时间比格林尼治时间要早7

本初子午线

小时,我们就立刻知道这次事情发生在相当于北京时间16时,也就是北京时间下午4时。

以本初子午线的平子夜起算的平太阳时,又称格林尼治平时或格林尼治时间。各地的地方平时与世界时之差等于该地的地理经度。1960年以前曾作为基本时间计量系统被广泛应用。由于地球自转速度变化的影响,它不是一种均匀的时间系统。后来世界时先后被历书时和原子时所取代,但在日常生活、天文导航、大地测量和宇宙飞行等方面仍属必需;同时,世界时反映地球自转速率的变化,是地球自转参数之一,仍为天文学和地球物理学的基本资料。

假如你由西向东周游世界,每跨越一个时区,就会把你的表向前拨一个小时,这样当你跨越24个时区回到原地后,你的表也刚好向前拨了24小时,也就是第二天的同一钟点了;相反,当你由东向西周游世界一圈后,你的表指示的就是前一天的同一钟点。为了避免这种"日期错乱"现象,国际上统一规定180°经线为"国际日期变更线"。当你由西向东跨越国际日期变更线时,必须在你的计时系统中减去一天;反之,由东向西跨越国际日期变更线,就必须加上一天。测定世界时是通过恒星观测,由恒星时推算的。常用的测定方法和相应仪器有:①中天法——中星仪、光电中星仪、照相天顶筒;②等高法——超人差棱镜等高仪、光电等高仪。用这些仪器

图与文

地球自转是地球绕自转轴自西向东的转动,从北极点上空看呈逆时针旋转,从南极点上空看呈顺时针旋转。

观测,一个夜晚观测的均方误差为 ±5 毫秒左右。目前,依据全世界一年的天文观测结果,经过综合处理所得到的世界时精度约为 ±1 毫秒。由于各种因素(主要是环境因素)的影响,长期以来,世界时的测定精度没有显著的提高。目前,测量的方法和技术正面临一场革新。正在试验中的新方法主要有射电干涉测量、人造卫星激光测距和月球激光测距以及人造卫星多普勒观测等。测定的精度可望有数量级的提高。

1960 年以前,格林尼治时间曾作为基本时间计量系统被广泛应用。由于地球自转速度变化的影响,它不是一种均匀的时间系统。但是,因为它与地球自转的角度有关,所以即使在 1960 年作为时间计量标准的职能被历书时取代以后,世界时对于日常生活、天文导航、大地测量和宇宙飞行器跟踪等仍是必需的。同时,精确的世界时是地球自转的基本数据之一,可以为地球自转理论、地球内部结构、板块运动、地震预报以及地球、地月系、太阳系起源和演化等有关学科的研究提供必要的基本资料。

时间校准

时间是人类用以描述物质运动过程或事件发生过程的一个参数。确定时间,是靠不受外界影响的物质周期变化。例如月球绕地球周期,地球绕太阳周期,地球自转周期,原子震荡周期等。

授时系统是确定和发播精确时刻的工作系统。每当整点钟时,正在收听广播的收音机便会播出"嘟、嘟……"的响声。人们便以此校对自己的钟表的快慢。广播电台里的正确时间是哪里来的呢?它是由天文台精密的钟去控制的。那么天文台又是

整 点

怎样知道这些精确的时间呢?我们知道,地球每天均匀转动一次,因此,天上的星星每天东升西落一次。如果把地球当作一个大钟,天空的星星就好比钟面上表示钟点的数字。天文学家已经很好测定过了星星的位置,也就是说这只天然钟面上的钟点数是精确知道的。天文学家的望远镜就好比钟面上的指针。在我们日常用的钟上,是指针转而钟面不动,在这里看上去则是指针"不动","钟面"在转动。当星星对准望远镜时,天文学家就知道正确的时间,用这个时间去校正天文台的钟。这样天文学家就可随时从天文台的钟面知道正确的时间,然后在每天一定时间,例如,整点时,通过电台广播出去,我们就可以去校对自己的钟表,或供其他工作的需要。

天文测时所依赖的是地球自转,而地球自转的不均匀性使得天文方法所得到的时间(格林尼治时间)精度只能达到10—9,无法满足20世纪中叶社会经济各方面的需求。一种

最早的原子钟之一

更为精确和稳定的时间标准应运而生，这就是"原子钟"。目前世界各国都采用原子钟来产生和保持标准时间，这就是"时间基准"，然后，通过各种手段和媒介将时间信号送达到用户手中，这些手段包括：短波、长波、电话网、互联网、卫星等。这一整个工序，就称为"授时系统"。

■ **什么是时区**

时区将地球表面按经线划分24个区域。当我们在上海看到太阳升起时，居住新加坡的人要再过半小时才能看到太阳升起，而远在英国伦敦的居民则还在睡梦中，要再过8小时才能见到太阳。世界各地的人们，在生活和工作中如果各自采用当地的时间，对于日常生活、交通等会带来许许多多的不便和困难。为了照顾到各地区的使用方便，又使其他地方的人容易将本地的时间换算到别的地方时间上去，有关国际会议决定将地球表面按经线从南到北，每相隔15度划一个区域，这样一共有24个区域，并且规定相邻区域的时间相差1小时。在同一区域内的东端和西端的人看到太阳升起的时间最多相差不过1小时。当人们跨过一个区域，就将自己的时钟校正1小时（向西减1小时，向东加1小时），跨过几个区域就加或减几小时。这样使用起来就很方便。现今全球共分为24个时区。由于实用上常常1个国家，或1个省份同时跨着2个或更多时区，为了照顾到行政上的方便，常将1个国家或1个省份划在一起。所以时区并不严格按南北直线来划分，而是按自然条件来划分。例如，我国幅员宽广，差不多跨5个时区，但实际上只用东八时区的标准时即北京时间为准。

■ **"北京时间"的由来**

北 京

北京时间是我国的标

准时间。我们为什么要用北京时间呢？它真的是北京地方的时间吗？其实北京时间并不是北京地方的时间，而是东经120度地方，也就是距离北京以东约340千米处的地方时间。大家知道，中午12点时，在太阳光下物体的影子最短。而当收音机里播出"北京时间12点正"时，在北京地方所看到的物体影子还有点偏西，要再过约16分钟后，才见到最短的物体影子。北京时间是我国行政管理、生产、交通运输等工作的时间计量标准。假如我们没有统一的时间标准，而是各用各的时间，学校就无法上课，工厂就不能正常生产，交通运输也不能有条理的进行，这就使整个社会的工作、生产秩序混乱。但是取哪个时间为标准好呢？因为北京离120度经线很近，而且北京是我国的首都，所以很自然的以东经120度的地方时间取为我国的标准时间。人们给它取个名字叫"北京时间"。

■ 国家授时中心为什么在陕西

20世纪50年代，美、苏、日等发达国家都陆续建立了本国的标准时间和频率授时系统。国民党在台湾也依靠美国建立了BFS标准时间频率授时台。那时，新中国刚刚成立，百业待兴，我国的时间发播是由上海天文台租用邮电部的国际电讯台向全国发布的，但由于当时技术设备和上海在全国的地理位置不是很适中等原因，因此发播效果不是很理想。1964年我国第一颗原子弹爆炸，使国家最高决策层更加意识到，高精度的时间在未来尖端科技领域具有的决定性的作用。1970年正式建立了具有我国特色的时间授时服务系统，而在选址上遵循了一定要尽量靠近中国大地圆点附近、地势必须开阔、必须有利于备战三大原则。

国家授时中心

图与文

原子弹是核武器之一，是利用核反应的光热辐射、冲击波和感生放射性造成杀伤和破坏作用，以及造成大面积放射性污染，阻止对方军事行动以达到战略目的的大杀伤力武器。

按着国际惯例，各国的标准时间一般都以本国首都所处的时区来确定。我国首都北京处于国际时区划分中的东八区，同格林尼治时间整整相差8小时，而我国本身又地域辽阔，东西相跨5个时区，而授时台又必须建在我国中心地带，从而也就产生了长短波授"北京时间"的发播不在北京而在陕西。也就是说，中央人民广播电台发出的标准时间是由位于陕西的中国科学院国家授时中心发播的。

时间正在变慢

大家都感叹岁月不饶人，时间如飞梭、一刻不停，但是天文学家说，实际上宇宙的时间正在慢慢减缓，总有一天会完全静止。目前大家认为宇宙还在不断扩大，这项理论的基础是有一种反重力的"暗能量"正不断地让宇宙里的各种物质分开，所以宇宙愈来愈大。不过，西班牙的天文学家认为，这件事应该倒过来看，就是因为空间不断扩大，所以时间渐渐减缓。因此他们推估几十亿年之后，时间终将静止，到时候整个宇宙会变得像照片一样，停格在那。英国剑桥大学的天文学家说，这种理论大致说得通，因为目前大家认为，"时间"是从大爆炸时期出现，既然有出现、就会消失。

人们普遍认为,随着宇宙的扩张时间正在变快。然而,根据最新研究显示,时间正在逐渐变慢,并且将最终停止。

据西班牙科学家的研究结果表明,人们被宇宙扩张理论"愚弄了"。事实上,时间正在变慢,最终一切将会停止。就像照片"凝结"住的瞬间一样,届时所有事物都将"冻结"。

宇宙爆炸(模拟图)

不过,人们肉眼无法观察到时间变慢的效果。科学家称,离时间最终停止还有几十亿年,那时地球早已消失,人类也早已消失了。

据悉,已经被广泛接受的宇宙扩张说,是基于承认"反重力"的概念,它亦被称之为"暗能量"。这种能量被认为正在拉开星系之间的距离。

时间箭头

现在,人们已经知道了时间的性质及其变化过程。直到 21 世纪初,人们还相信绝对时间。也就是说,每一事件可由一个称为"时间"的数以唯一的方式来标记,所有好的钟在测量两个事件之间的时间间隔上都是一致的。然而,对于任何正在运动的观察者光速总是一样的这一发现,导致了相对论;而在相对论中,人们必须抛弃存在一个唯一的绝对时间的观念,代之以每个观察者携带的钟所记录的他自己的时间测量——不同观察者携带的钟不必要读数一样。这样,对于进行测量的观察者而言,时间变成一

科学 第一视野 | KEXUE DIYI SHIYE

图与文

所有物质之间互相存在的吸引力，与物体的质量有关。物体如果距离过近会产生一定的斥力。引力为什么产生，牛顿发现了引力问题，是他在思考问题时被苹果砸在头上，想到了引力的问题。

个更主观的概念。

当人们试图统一引力和量子力学时，必须引入"虚"时间的概念。虚时间是不能和空间方向区分的。如果一个人能往北走，他就能转过头并朝南走；同样的，如果一个人能在虚时间里向前走，他应该能够转过来并往后走。这表明在虚时间里，往前和往后之间不可能有重要的差别。另一方面，当人们考察"实"时间时，正如众所周知的，在前进和后退方向存在有非常巨大的差别。这过去和将来之间的差别从何而来？为何我们记住过去而不是将来？

科学定律并不区别过去和将来。更精确地讲，正如前面所解释的，科学定律在称作C、P和T的联合作用（或对称）下不变。（C是指将反粒子来替代粒子；P的意思是取镜象，这样左和右就互相交换了；T是指颠倒所有粒子的运动方向，也就是使运动倒退回去。）在所有正常情形下，制约物体行为的科学定律在CP联合对称下不变。换言之，对于其他行星上的居民，若他们是我们的镜像并且由反物质而不是物质构成，则生活会刚好是同样的。

如果科学定律在CP联合对称以及CPT联合对称下都不变，它们也必须在单独的T对称下不变。然而，在日常生活的实时间中，前进和后退的方向之间还是有一个大的差异。想象一杯水从桌子上滑落到地板上被打碎。如果你将其录像，你可以容易地辨别出它是向前进还是向后退。如果将其倒回来，你会看到碎片忽然集中到一起离开地板，并跳回到桌子上形成一个完整的杯子。你可断定录像是在倒放，因为这种行为在日常生活中从未

见过。如果这样的事发生,陶瓷业将无生意可做。

为何我们从未看到碎杯子集合起来,离开地面并跳回到桌子上,通常的解释是这违背了热力学第二定律所表述的在任何闭合系统中无序度或熵总是随时间而增加。换言之,它是穆菲定律的一种形

杯碎水洒

式:事情总是趋向于越变越糟:桌面上一个完整的杯子是一个高度有序的状态,而地板上破碎的杯子是一个无序的状态。人们很容易从早先桌子上的杯子变成后来地面上的碎杯子,而不是相反。

无序度或熵随着时间增加是一个所谓的时间箭头的例子。时间箭头将过去和将来区别开来,使时间有了方向。至少有三种不同的时间箭头:第一个,是热力学时间箭头,即是在这个时间方向上无序度或熵增加;然后是心理学时间箭头,这就是我们感觉时间流逝的方向,在这个方向上我们可以记忆过去而不是未来;最后,是宇宙学时间箭头,在这个方向上宇宙在膨胀,而不是收缩。

首先,热力学时间箭头。总存在着比有序状态更多得多的无序状态的这一事实,是使热力学第二定律存在的原因。譬如,考虑一盒拼板玩具,存在一个并且只有一个使这些

拼版玩具

小纸片拼成一幅完整图画的排列。另一方面，存在巨大数量的排列，这时小纸片是无序的，不能拼成一幅画。

假设一个系统从这少数的有序状态之中的一个出发。随着时间流逝，这个系统将按照科学定律演化，而且它的状态将改变。到后来，因为存在着更多的无序状态，它处于无序状态的可能性比处于有序状态的可能性更大。这样，如果一个系统服从一个高度有序的初始条件，无序度会随着时间的增加而增大。

假定拼板玩具盒的纸片从能排成一幅图画的有序组合开始，如果你摇动这盒子，这些纸片将会采用其他组合，这可能是一个不能形成一幅合适图画的无序的组合，就是因为存在如此之多得多的无序的组合。有一些纸片团仍可能形成部分图画，但是你越摇动盒子，这些团就越可能被分开，这些纸片将处于完全混乱的状态，在这种状态下它们不能形成任何种类的图画。这样，如果纸片从一个高度有序的状态的初始条件出发，纸片的无序度将可能随时间而增加。

然而，假定上帝决定不管宇宙从何状态开始，它都必须结束于一个高度有序的状态，则在早期这宇宙有可能处于无序的状态。这意味着无序度将随时间而减小。你将会看到破碎的杯子集合起来并跳回到桌子上。然而，任何观察杯子的人都生活在无序度随时间减小的宇宙中，人都会有一个倒溯的心理学时间箭头。这就是说，他们会记住将来的事件，而不是过去的事件。当杯子被打碎时，他们会记住它在桌子上的情形；但是当它是在桌子上时，他们不会记住它在地面上的情景。

由于我们不知道大脑工作的细节，所以讨论人

■ 图与文

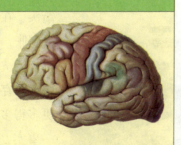

大脑包括端脑和间脑，端脑包括左右大脑半球。端脑是脊椎动物脑的高级神经系统的主要部分，由左右两半球组成，在人类为脑的最大部分，是控制运动、产生感觉及实现高级脑功能的高级神经中枢。

类的记忆是相当困难的。然而,我们确实知道计算机的记忆器是如何工作的。所以,就有了计算机的心理学时间箭头的。霍金认为,假定计算机和人类有相同的箭头是合理的。如果不是这样,人们可能因为拥有一台记住明年价格的计算机而使股票交易所垮台。

大体来说,计算机的记忆器是一个包含可存在于两种状态中的任一种状态的元件的设备,算盘是一个简单的例子。其最简单的形式是由许多铁条组成;每一根铁条上有一念珠,此念珠可待在两个位置之中的一个。在计算机记忆器进行存储之前,其记忆器处于无序态,念珠等几率地处于两个可能的状态中。(算盘珠杂乱无章地散布在算盘的铁条上)。在记忆器和所要记忆的系统相互作用后,根据系统的状态,它肯定处于这种或那种状态(每个算盘珠将位于铁条的左边或右边。)这样,记忆器就从无序态转变成有序态。然而,为了保证记忆器处于正确的状态,需要使用一定的能量(例如,移动算盘珠或给计算机接通电源)。这能量以热的形式耗散了,从而增加了宇宙的无序度的量。人们可以证明,这个无序度增量总比记忆器本身有序度的增量大。这样,由计算机冷却风扇排出的热量表明计算机将一个项目记录在它的记忆器中时,宇宙的无序度的总量仍然增加。计算机记忆过去的时间方向和无序度增加的方向是一致的。

所以,我们对时间方向的主观感觉或心理学时间箭头,是在我们头脑中由热力学时间箭头所决定的。正像一个计算机,我们必须在熵增加的顺序上将事物记住。这几乎使热力学定律变成为无聊的东西。无序度随时间的增加乃是因为我们是在无序度增加的方向上测量时间。拿这一点来打赌,准保你会赢。

但是究竟为何必须存在热力学时间箭头?或换

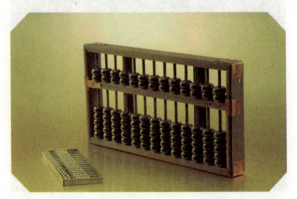

算 盘

句话说，在我们称之为过去时间的一端，为何宇宙处于高度有序的状态？为何它不在所有时间里处于完全无序的状态？毕竟这似乎更为可能。并且为何无序度增加的时间方向和宇宙膨胀的方向相同？

在经典广义相对论中，因为所有已知的科学定律在大爆炸奇点处失效，人们不能预言宇宙是如何开始的。宇宙可以从一个非常光滑和有序的状态开始。这就会导致正如我们所观察到的、定义很好的热力学和宇宙学的时间箭头。但是，它可以同样合理地从一个非常波浪起伏的无序状态开始。在那种情况下，宇宙已经处于一种完全无序的状态，所以无序度不会随时间而增加。或者它保持常数，这时就没有定义很好的热力学时间箭头；或者它会减小，这时热力学时间箭头就会和宇宙学时间箭头相反向。任何这些可能性都不符合我们所观察到的情况。然而，正如我们看到的，经典广义相对论预言了它自身的崩溃。当空间——时间曲率变大，量子引力效应变得重要，并且经典理论不再能很好地描述宇宙时，人们必须用量子引力论去理解宇宙是如何开始的。

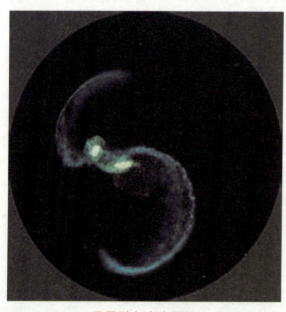

量子引力论诠释图

正如我们对量子引力论的认识一样，为了指定宇宙的态，人们仍然必须说清在过去的空间——时间的边界的宇宙的可能历史是如何行为的。只有如果这些历史满足无边界条件，人们才可能避免这个不得不描述我们不知道和无法知道的东西的困难：它们在尺度上有限，但是没有边界、边缘或奇点。在这种情形下，时间的开端就会是规则的、光滑的

空间—时间的点,并且宇宙在一个非常光滑和有序的状态下开始它的膨胀。它不可能是完全均匀的,否则就违反了量子理论不确定性原理。必然存在密度和粒子速度的小起伏,然而无边界条件意味着,这些起伏又是在与不确定性原理相一致的条件下尽可能的小。

宇宙刚开始时有一个指数或"暴涨"的时期,在这期间它的尺度增加了一个非常大的倍数。在膨胀时,密度起伏一开始一直很小,但是后来开始变大。在密度比平均值稍大的区域,额外质量的引力吸引使膨胀速度放慢。最终,这样的区域停止膨胀,并坍缩形成星系、恒星以及我们这样的人类。宇宙开始时处于一个光滑有序的状态,随时间演化成波浪起伏的无序的状态。这就解释了热力学时间箭头的存在。

如果宇宙停止膨胀并开始收缩将会发生什么呢?热力学箭头会不会倒转过来,而无序度开始随时间减少呢?这为从膨胀相存活到收缩相的人们留下了五花八门的科学幻想的可能性。他们是否会看到杯子的碎片集合起来离开地板跳回到桌子上去?他们会不会记住明天的价格,并在股票市场上发财致富?由于宇宙至少要再等100亿年之后才开始收缩,忧虑那时会发生什么似乎有点学究气。但是有一种更快的办法去查明将来会发生什么,即跳到黑洞里面去。恒星坍缩形成黑洞的过程和整个宇宙的坍缩的后期相当类似;这样,如果在宇宙的收缩相无序度减小,可以预料它在黑洞里面也会减小。所以,一个落到黑洞里去的航天员能在投赌金之前,也许能依靠记住轮赌盘上球儿的走向而赢钱。(然而,不幸的是,玩不了多久,他就会变成意大利面条。他也不能使我们知道热力学箭头的颠倒,或者甚至将他的赢钱存入银行,因为他被困在黑洞的事件视界后面。)

起初,霍金相信在宇宙坍

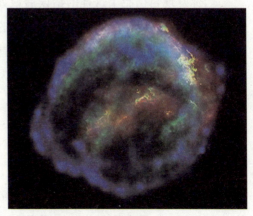

恒星坍缩

缩时无序度会减小。这是因为，他认为宇宙再变小时，它必须回到光滑和有序的状态。这表明，收缩相仅仅是膨胀相的时间反演。处在收缩相的人们将以倒退的方式生活：他们在出生之前即已死去，并且随着宇宙收缩变得更年轻。

这个观念是很吸引人的，因为它表明在膨胀相和收缩相之间存在一个漂亮的对称。然而，人们不能置其他有关宇宙的观念于不顾，而只采用这个观念。问题在于：它是否由无边界条件所隐含或它是否与这个条件不相协调？正如我说过的，我起先以为无边界条件确实意味着无序度会在收缩相中减小。如果人们将宇宙的开初对应于北极，那么宇宙的终结就应该类似于它的开端，正如南极之与北极相似。然而，北南二极对应于虚时间中的宇宙的开端和终结。在实时间里的开端和终结之间可有非常大的差异。霍金曾经被一项简单的宇宙模型的研究所误导，在此模型中坍缩相似乎是膨胀相的时间反演。然而，霍金的一位同事，宾夕法尼亚州立大学的当·佩奇指出，无边界条件没有要求收缩相必须是膨胀相的时间反演。霍金的一个学生雷蒙·拉夫勒蒙进一步发现，在一个稍复杂的模型中，宇宙的坍缩和膨胀非常不同。霍金意识到自己犯了一个错误：无边界条件意味着事实上在收缩相时无序度继续增加。当宇宙开始收缩时或在黑洞中热力学和心理学时间箭头不会反向。

当你发现自己犯了这样的错误后该如何办？有些人从不承认他们是错误的，而继续去找新的往往互相不协调的论据为自己辩解——正如爱丁顿在反对黑洞理论时之所为。另外一些人首先宣称，从来没有真正支持过不正确的观点，如果他们支持了，也只是为了显示它是不协调的。但在霍金看来，如果你在出版物中承认自己错了，那会好得多并少造成混乱。爱因斯坦即是一个好的榜样，他在企图建立一个静态的宇宙模型时引入了宇宙常数，他称此为一生中最大的错误。

回头再说时间箭头，余下的问题是；为何我们观察到热力学和宇宙学箭头指向同一方向？或换言之，为何无序度增加的时间方向正是宇宙膨胀的时间方向？如果人们相信，按照无边界假设似乎所隐含的那样，宇宙先

膨胀然后重新收缩,那么为何我们应在膨胀相中而不是在收缩相中,这就成为一个问题。

人们可以在弱人择原理的基础上回答这个问题。收缩相的条件不适合于智慧人类的存在,而正是他们能够提出为何无序度增加的时间方向和宇宙

宇宙膨胀模拟图

膨胀的时间方向相同的问题。无边界假设预言的宇宙在早期阶段的暴涨意味着,宇宙必须以非常接近为避免坍缩所需要的临界速率膨胀,这样它在很长的时间内才不至坍缩。到那时候所有的恒星都会烧尽,而在其中的质子和中子可能会衰变成轻粒子和辐射。宇宙将处于几乎完全无序的状态,这时就不会有强的热力学时间箭头。由于宇宙已经处于几乎完全无序的状态,无序度不会增加很多。然而,对于智慧生命的行为来说,一个强的热力学箭头是必需的。为了生存下去,人类必须消耗能量的一种有序形式——食物,并将其转化成能量的一种无序形式——热量,所以智慧生命不能在宇宙的收缩相中存在。这就解释了,为何我们观察到热力学和宇宙学的时间箭头指向一致。并不是宇宙的膨胀导致无序度的增加,而是无边界条件引起无序度的增加,并且只有在膨胀相中才有适合智慧生命的条件。

总之,科学定律并不能区分前进和后退的时间方向。然而,至少存在有三个时间箭头将过去和将来区分开来。它们是热力学箭头,这就是无序度增加的时间方向;心理学箭头,即是在这个时间方向上,我们能记住过去而不是将来;还有宇宙学箭头,也即宇宙膨胀而不是收缩的方向。霍金指出了心理学箭头本质上应和热力学箭头相同。宇宙的无边界假设预言了定义得很好的热力学时间箭头,因为宇宙必须从光滑、有序的状态开始。并且我们看到,热力学箭头和宇宙学箭头的一致,乃是由于智慧生命只能

在膨胀相中存在。收缩相是不适合于它的存在的,因为那儿没有强的热力学时间箭头。

各种时空

如果宇宙是静止的,那么天体物质不会收缩膨胀、不会有物理、化学反应、光也不会射到地球上来,因为它还没有产生,生命也不会存在。所以世界只能是绝对运动的。物质的运动构建时空,宇宙中的时与空是没有间的,间是人为的划分,人把地球绕太阳转一圈划分为一年,地球自转一圈划分为一日,太阳系绕银河系的时就没有划间了,因为没用;有间才有用,无间不可用。

按物质的运动区域划空为间,比如太阳系、银河系,而实际上所有星系的空间都是不断移动变化的,所以空间和时间一样都是不断流动变化的,所以宇宙中的绝对定位是不可能的,因为一切都在变化。没有物质运动,时间和空间是不存在的。有物才有空,无物无空,物动时自成,物质有不同的成分,通过物理运动形成不同的组合产生不同的化学反应,不同化学反应产生不同的生命,生命产生思维,思维根据自身利益需求分割时空,就叫做时间与空间。

时空也分层,现在基本上把时空分为四层。

■第一时空

第一时空是我们生活的时空,物理学上的第一时空概念是绝对时间,绝对空间,这

图与文

太阳系,就是我们现在所在的恒星系统。它是以太阳为中心,和所有受到太阳引力约束的天体的集合体:8颗行星(冥王星已被开除)、至少165颗已知的卫星,和数以亿计的太阳系小天体。

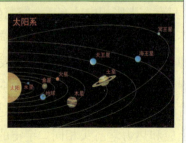

种观点统治了人类几千年。直至今日,第一时空观念还在影响着人类的思维方式和哲学观点,因为第一时空世界是低速世界,几乎我们全部物理理论都是建立在"低速世界"基础之上的,这是谁也无法改变的事实。在这一"现实"面前,物理学家们所要做的事就是把主观与"客观"的距离缩小到最小范围。

■第二时空

大约在一个世纪前,一位伟人——爱因斯坦开创了"相对时空"领域,相对论认为时间和空间都不是绝对的,爱因斯坦发现对时空的描述与描述者间的相对运动状况有关,第一时空的绝对时空观念已不再适用。历经数年时间,他对第二时空作了精心的设计,把其描述成弯曲的,多维的,并向外凸起的正曲率空间。第二时空的发现是人类历史上很了不起的一件事,它告诉我们这样的事实,即在第二时空区域两端,一端为第一时空,另一端是黑洞世界($q=p/2$),在黑洞里所有的物理理论都将失效,这对于那些"绝对的"、"永恒的"观点是绝妙的讽刺。遗憾的是,第二时空的成功却使爱因斯坦深陷其中,他始终都未离开第二时空一步,直至逝世,他并没有发现时空的偏转性质,也没有意识到相对时空只是整个时空波段上很小的一部分,正像可见光是电磁波谱中很小的一段一样。当物理学界忙于用这把"万能钥匙"开启更多的时空大门,但都归于失败而不知所措的时候,第三时空理论——量子力学却逐步完善,登上了时空舞台。

■第三时空

"量子时空"比"相对时空"涉及的范围更广。第三时空的建立有着微观领域广泛实验的基础,即

开创相对时空领域的爱因斯坦

粒子的运动速度比宏观世界物体的运动速度大得多。但人们发现，对粒子的运动状况进行描述却比预想的要困难，我们不可能同时确定粒子的位置和动量，而且能量分布也不是连续的。尽管它是个事实，但要说服习惯第一时空或刚从第二时空过来的人，你必须花费相当的口舌，因为第三时空理论基础的建立不像人们想象中的那样牢靠。

第三时空的"成功建立"使越来越多的科学家们相信真正的"统一理论"无非是把第一、第二、第三时空统一在一个新的理论中去。这种想法不错，但忽略了另一个重要因素，就是能量为什么不连续，"丢失"的空间哪去了？显然此问题在第三时空理论中是无法找到答案的。

我们都知道能量的不连续性是空间不连续造成的，而空间的不连续是时空波函数在区间上出现了负值，其物理含义为负空间，所对应的能量会出现负值，它正是我们要寻找的"丢失的空间"。从广义上讲，空间，能量都是对称的，只不过我们无法测出负空间、负能量，若要理解它们，就需要我们站在第四时空立场上来看待这一问题。

■ 第四时空

近年来有关反物质，负时空的概念已逐步从科幻作品中进入到一些专业书刊中，但从理论上承认反物质、负时空和负能量等的存在还需要相当的勇气，因为在我们看来，客观存在必须是实实在在的东西，负时空概念显然与传统观念格格不入，是经典理论的禁区，但对于理论工作者来说它绝不能成为想象力的桎梏。要完成第三时空向第四时空的跨越，我们必须具备坚实的理论基础。解析时空理论以

■ 图与文

负能量，在物理学上解释是指"反物质"的能量，在灵异学上认为具有负能量的物质对人体健康有伤害。

最简单的数学方式描绘了从第一时空到第四时空的全景图,它使我们从整体上了解时空体系存在的客观性作了充分的理论准备并提供了必要的理论工具。我们会发现黑洞导致测量作用产生波粒二象性和其他量子现象。如果我们期待在时空问题上有所作为的话,必须应抛弃我们原有的观念——上帝总是对人类有所偏爱。因为正负时空从整体上是相同的,只不过我们人类自认为站在哪一边罢了。

人类眼中的时间

时间这个词汇的作用在我们的日常生活中类似于尺子,尺子是用来测量物体或空间距离的长度的,而时间是用来测量生命长度的,我们可以用时间来表示生命的延续过程,而没有运动就没有生命,没有生命也就没有了时间上的意义。

时间的应用非常广泛。在我们能够目极和能够想象到的地方,任何的物质和事物都处在运动之中,没有处于绝对静止状态的物质和事物,所以,严格地讲,包括整个宇宙和宇宙之中的尘埃、星球和星球表面的物体等一切皆有生命,故而,一切都可以用时间来测量他们运动的过程。

宇宙中的星球

时间的刻度是人为的。就像是长度的刻度是人为的一样，人们把自己迈出的步伐做一个度量单位，那么，迈出了多少步，就是多少步的长度。人们把等长木片叫做尺并当作一个度量单位，那么，这个物体有多少段就是有多少尺的长度。也是出于人们为了生活中计算方便的需要，就把地球绕太阳一圈的时间叫做一年，把地球自转一圈的时间叫做一天，再把一天分成24等份，每一份叫做时，再分60份，每份叫做分，再分60份，每份叫做秒，以至于分到毫秒、微秒，理论上我们还可以把时间一直细分下去。但这都是人为的，时间的本身并没有刻度。

　　时间是没有始终的。既然时间的刻度是人为的，我们就可以把时间的刻度人为的无限细分下去，也可以把时间无限的延长下去，时间可以无限的细分下去，说明时间永远没有开始的时候，时间可以无限的延长下去，说明时间是永远不会有尽头的。这就是时间为什么是没有始终的道理。还可以用人类创造的数字做一个比喻，我们测量长度的起点叫做0，从这个0点开始数数，我们可以从个、十、百、千、万一直数下去，有谁能告诉我，这个数可以数到头。回答是否定的，数字显然是没有尽头的。既然数字没有尽头，也就不应该有开头，而0这个开头是我们为了计算之便在事物的链条中人为截取的一个点，并把这个点视为开始的点。至今没有人能够论证数字和时间的非人为起点在哪里，当今风行一时的宇宙大爆炸理论是人为的捏造宇宙起点（科学家说是奇点）的巅峰事例，至今没有能够在科学界站得住脚。既然数字没有开头和尽头，那么，需要用数字来表示的时间也是没有始终的，一切时间上的节点都是人为确定的，一切人为确定的起点和终点都是人们为解释某一事物的生命周期而对时间进行的截取，而并非是宇宙时间的始终。

　　时间是衔接延续而没有周期的。所谓的周期是指一个事物或一个生命从产生、发展到终结的一个完整过程，虽然一个生命、一个事物乃至一个星球都有它产生、发展和终结的周期，但是，时间本身并没有生命，它是用来测量一切生命的工具，而宇宙间的一切生命物体都处在永无休止的运动之中，所有的生命物体的周期运动又都是相互延续衔接的，宇宙间的运

动不停止,时间就不会停止,宇宙间的生命形态不重复,时间也就不能回旋,宇宙间的生命不回复到原来状态,时间也就不能逆转,地球上的人类之前没有其他人类,地球产生之前也没有另一个地球,地球毁灭以后就不会再有地球,人类毁灭以后也就

停下的汽车

不会再有人类,恐龙灭绝以后就再不会出现恐龙,今天的你已不再是昨天的你,所以,时间也就是衔接延续而没有周而复始的周期的。

　　时间是不会停下来的。时间是一个概念而不是一个物体一个事物,汽车可以停下来不走,一个人的事业可能会停下来不再发展,一个社会也可能会徘徊不前,但是时间却一刻也没有停止向前。常言道:时间不等人。这一时刻你停下来而别人却没有停下来,这一时刻你没有利用而别人却在利用,只要宇宙间有物质在运动,时间就不会停下来。一切能够停下来的都是人为的,是以人的意志为准的,停下来的是因为需要停下来才停下来的,或是因为不得不停下来才决定停下来的,但是,人和事物不能不变化,历史不能不发展,宇宙不能不运转,这些都不受我们那个人的意志所控制,所以,时间也就不会停顿下来,除非有一天星光不再闪烁,太阳不再升起,天空不再明亮,声音不再响起,一切都变成死寂,那时没有了一切生命,也没有了一切运动,时间也就失去了存在的意义。然而,宇宙间的一切都不会停下来,那么时间也就不会停下来。

　　时间是均速顺延的。时间的顺延速度不会时快时慢而是均速的。时间是天道,时间是天理,时间是放之四海而皆准的衡器,它须臾不会因地而异,也不会因事而异,更不会因人而异。它不会因我们的需要而慢下来或是快起来，也不会跟随万物变化的快慢而变换速度，汽车比人跑得快是因为在同一个时间单位（或刻度）里汽车比人跑的距离要远，而不是因为时间有快有慢，不同的星球在轨道内的运行速度有快有慢，不是时间有快有慢，而是星球本身的质量和其与星系中心及其星系整体的关系决定了星球运行的速度有快有慢。即使人类进化的速度慢下来，地球进化的速度也不会慢下来，太阳系的进化速度也不会慢下来，银河系的进化速度也不会慢下来，整个宇宙的进化的速度也不会慢下来，所以，时间也就不会慢下来，而是永恒均速的向前向前。

时间在宇宙空间对其他星球而言是相对的，而对整个宇宙而言是绝对的。我们地球上人类计量时间是以太空中日月星辰的运行为依据的，除了我们在一天时间之内计时用的"时"是人类随意划分确定的以外，其他的计时单位如日、月、季、年、光年等都是根据天体运行周期与姿态而定的。如果不是在地球上，而是在其他星球上的话，那个星球上的一天可能就不是24小时，这是因为地球的一天与地球自转一圈时间有关，一个月也可能不是28—31天，这是因为地球的一月与月球绕地球一周的时间有关，一年也可能不是365—366天，这是因为地球的一年与地球绕日一周的时间有关。但是，在地球上，时间对我们而言是永远的绝对不变的，这是因为我们所处的星球与和与我们相关的星球及星系的关系是不变的，运行的周期和轨道是不变的，所以，我们地球人类为时间所做的刻度也是不变的。这就是说，不同星球上时间的刻度是不同的，但这不同的时间刻度又都是人为的，而不是宇宙固有的，时间在不同星球之间是相对的，而在同一星球上是绝对的，对整个宇宙而言也是绝对的。时间在不同星球之间的关系就像"市尺"和"公尺"的关系，

图与文

银河系是太阳系所在的恒星系统，包括1200亿颗恒星和大量的星团、星云，还有各种类型的星际气体和星际尘埃。

市尺与公尺长度的不同并不表示被测物本身的长度不同，所以，在不同星球上只是时间的表述方法不同，而不是因为星球的不同就会导致时间本身的长度不同，所以，时间在不同的星球之间是相对的，而在同一星球或对宇宙而言时间却是绝对不变的。

  时间表现的轨迹是弯曲的。一个小孩子从小到大，到了上学的年龄，几年的时间一晃就过去了，看似是一条直线，但考虑到在孩子成长过程中，有孩子本身成长的烦恼，有父母亲所付出的艰辛，这段时间里充满了曲折，并不是那么的顺顺畅畅一帆风顺，又好像时间没有那么短。当然，这只是人们的感觉，但在客观事物中时间运行的轨迹也并非是一条直线。例如：再笔直的公路也是沿地球的圆形表面修建，而地球表面是有弧度的曲线而不是我们想象的直线。导弹发射后的弹道是一条曲线而不是直线。

  月球围绕地球运行，地球围绕太阳运行，他们也都是在椭圆形的轨道内运行，轨道内的任何一段都是曲线而不是直线。因为当我们测量它们运行距离的时候，是用测量它们运行的弯曲的曲线轨迹而不是直线距离来确定它们所用的时间，所以，时间也不会是一条笔直的直线。据科学家观测，太阳的影像传到地球所用的时间是8分钟，那么，我们可以想象，当我们看到了太阳表面的时候，被我们所看到的那个面是在我们看到之前8分钟太阳表面的景象，而当我们看到它的时候，被我们看到的那个面已经随同太阳的自转转到了侧面，太阳

■图与文

  导弹是"导向性飞弹"的简称，是一种依靠制导系统来控制飞行轨迹的可以指定攻击目标，甚至追踪目标动向的无人驾驶武器，其任务是把战斗部装药在打击目标附近引爆并毁伤目标，或在没有战斗部的情况下依靠自身动能直接撞击目标，以达到毁伤效果。

这一面的影像向地球转送一分钟，太阳就向侧面转动一分钟，在还没有把影像转到地球的时候，太阳就要向侧面转动近8分钟的距离，所以，我们可以断定，太阳影像向地球转送的轨道一定是一条曲线，我们还可以断定，科学家告诉我们的太阳到地球的距离是曲线距离而不是理论上绝对的直线距离，这是因为，科学家是根据光线在太空传导的速度测算出来的距离，太阳影像是以光的形式和速度向地球传输的，而光在太空中运行的轨迹是弯曲的，故而时间表现出来的轨迹是弯曲的曲线而不是直线。

　　故而，时间是绝对存在的，自觉自行的，永无休止的，无始无终的，永恒不变的，均匀弯曲的，有宇宙空间的存在就有时间的存在，宇宙间除空间和时间之外没有任何东西是永存的。宇宙间的空间运行状态是在不断变化的，而唯有时间的运行状态是永恒不变的。时间谓之天道之母，空间谓之天道之根。

第二章
时间的单位

任何事物都是有单位的,时间也不例外,也有衡量它的标准,像世纪、年代、年、月、日、微妙、忽秒都是衡量时间长短的单位。

除了这些现在通用的时间单位外,在人类古代的社会生活中还产生了许多时间单位,例如,时辰、刻钟等。

此外,时间也是可以换算的,时间之间的进率也是固定的。如果时间单位之间不能进行自由的换算,那就无法衡量时间的长短。

此外,有的时间单位是非常小的,例如,纳秒、皮秒、飞秒等。它们虽然小,但也是时间单位之中不可缺少的成员。

世纪

一个世纪是一百年,通常是指连续的一百年。当用来计算日子时,世纪通常从可以被100整除的年代或此后一年开始,例如2000年或者2001年。这种奇数的纪年法来自于耶稣纪元后,其中的1年通常表示"吾主之年",因此第一世纪从公元1年到公元100年,而20世纪则从公元1901年到公元2000年,因此2001年是21世纪的第一年。不过,以前有人将公元1世纪定为99年,而现在的世纪则为100年,如果按照这种定义的话,2000年则为21世纪的第一年。

■ 20世纪

1901年1月1日至2000年12月31日这一段期间被称为20世纪。其最令人深刻的记忆是前所未见的全球型战争与军事对峙(第二次世界大战、冷战)以及知识爆炸。在这世纪,影响人们最深远的是共产主义对资本主义的挑战。虽然前者对后者的大部分夭折,却促使后者在经济与社会上多重的修正与省思。

20世纪的殖民主义发展到极致,却在1960年代后迅速瓦解。而上世纪广布欧洲的民族主义风潮传到亚洲、非洲与大洋洲,却意外导致恐怖主义在全球盛行,尤其透过网络等信息媒体,造成全球性的恐慌,并使下个世纪初蒙上恐惧的阴影。而知识爆炸使更多人能接受知识,

■ 图与文

电视是指利用电子技术及设备传送活动的图像画面和音频信号,即电视接收机,也是重要的广播和视频通信工具。

并质疑与检讨各学科的发展和研究。

在艺术上，以美国为发源地的大众文化成为最为人所知的事物。尤其透过电视、广播和电影，几乎全球各地或多或少都受到其影响，甚至视其为"进步""便利"和"文明"的象征。但另一方面，各地的在地文化也利用这些科技媒体宣扬散播于本国或邻近地区，这种现象尤以日本与法国最为明显。

■ 图与文

恐怖主义是实施者对非武装人员有组织地使用暴力或以暴力相威胁，通过将一定的对象置于恐怖之中，来达到某种政治目的的行为。

此外，20世纪是人类史上流动速率最频繁的时刻：为了劳动需求、政治庇护与更好的生活品质，大量的华人迁到北美与东南亚，许多土耳其人与北非地区人民移居西欧，不少的西班牙裔透过合法或非法的方式进入美国。这些人口的流动打破过去以种族划分的地理概念，却也造成许多工业国家内部的社会问题。

■ 21世纪

■ 图与文

前苏联解体是以发生在1991年12月25日的苏联总统戈尔巴乔夫宣布辞职的事件作为标志，次日苏联最高苏维埃通过决议宣布苏联停止存在，为立国69年的苏联划上句号。

21世纪起始于2001年1月1日—结束于2100年12月31日。

在现代史上21世纪开始后，美国成为了世界上唯一的超级大国，前苏联在20世纪解体，俄罗斯继承了前苏联的

35

大部分遗产包括政治遗产。

与其他一些实体国家，包括中国、印度、欧洲联盟成为潜在的超级大国，随着冷战的结束和恐怖主义在全球的上升和蔓延，美国和他的盟友将全部的注意力转移到了中东。

数字技术在早期的20世纪80—90年代开始发展，逐渐成为今天的主流，但是很多声音反对数字技术所带来的过度使用移动电话，在互联网相关的技术也同样遭到了很多的争议。

年 代

年代，将一个世纪以连续的十年为阶段进行划分的叫法，通常适用于用公元纪年。一个世纪为100年，依次按每10年为一个历史时期进行划分为10个年代，依次分别叫做10年代，20年代，30年代……90年代，100年代。要明白年代的划分，得首先明白世纪的划分。

■世纪的划分

公元纪年是从公元元年（即公元1年）开始计算的，（之前谓之公元前），每100年划分为一个世纪。例如：公元1世纪（也就是第一个100年），为公元1年—公元100年的历史时期，公元20世纪（也就是第二十个100年）就是1901年—2000年的历史时期。

■年代的划分

关于年代，单单从"每一世纪中从'…十'到'…九'的十年，如1990—1999是二十世纪九十年代。"这句话就能看出年代是以'…十'开头到'…九'结尾的，'零'总不能算成'零十'吧，因此一个世纪可按十年十年的划分为10个十年，但只有9个年代，分别如下：

公元某世纪10年代：公元10年到公元19年；

公元某世纪20年代：公元20年到公元29年；

时间

公元某世纪30年代：公元30年到公元39年；

公元某世纪40年代：公元40年到公元49年；

公元某世纪50年代：公元50年到公元59年；

公元某世纪60年代：公元60年到公元69年；

公元某世纪70年代：公元70年到公元79年；

公元某世纪80年代：公元80年到公元89年；

■图与文

耶稣是基督教里的核心人物，在基督教里被认为是犹太教旧约里所指的救世主（弥赛亚），并且是三位一体中圣子的位格。

公元某世纪90年代：公元90年到公元99年；

其中00，01到09是没有年代的，这不必惊奇，因为"年代"作为"十年"这个概念并没有多久的历史，也没有非常权威的定义，人们用多了也就约定俗成了。如果，把2000年作为20世纪最后一年算哪个年代，很简单，人们用年代这个概念的时候根本就没有考虑到它，现在碰上了，大家都叫它"20世纪末年"，那它就不必规划到年代里，同时01到09年称为某世纪初，10到19年，也就是10年代通常不称为"一十年代"（这个词没听说过吧！）而称为某世纪第二个十年(貌似第一个十年只有9年，而"恰恰是这点，佐证了第二种关于世纪的跨度分法"；"也恰恰是这点，佐证了年代应该划成01到10，11到20，91到100的观点"；"也恰恰是这点，让'…十'到'…九'的划分自相矛盾。但是请明白一点，大家用年代此词时真不是把这都划分好了才用的，是用着用着出现问题了再解决。

此处问题的原因在于人们对"一十年代"或"一零年代"的叫法不习惯，感觉别扭，因此才出现了问题。关于此处的解决方法是：将第一个十年，第二个十年这套称呼和年代结合着用，10既是第一个十年里的，也是 10 年代的，11 到 19 则相应为第二个十年中的与 10 年代的，目前作为模糊概念，大家就是这样用的），91 到 100 年一般又称为某世纪最后十年，或称为世纪末，这都是习惯叫法，按第二个十年的解决方法去想就对了。

年

365 天，春夏秋冬周而复始，谓之一年；年分为闰年（366 天，即四年一润；一百年不润，四百年一润）和平年（365 天）。

若 1 天 =86400 秒，则 1 年 =365 天 5 小时 48 分 45.9747 秒 =31556925.9747 秒 =365.24219878125 天。

"年"既然是计时单位，自然与历法有关，而历法的形成又是天体运行和万物生长规律的产物。这一过程是随着社会的前进和人们知识的提高而发展的。

中国的原始农业社会时期，在耕作的长期实践中，发现了四季交替的周期，同时观测出天体运行与地上农作物生长之间的规律，即所谓"观象授时"。在二三千年前的夏、商、周时期，就已出现了以北

图与文

玛雅历是一套以不同历法与年鉴所组成的系统，为前哥伦布时期中美洲的玛雅文明所使用。这些历法以复杂的方式互相同步，并紧密结合，形成更广泛、更长远的周期。

斗斗柄所指星象位置的变化，用干支纪年、月、日的办法。这就是历法的雏形。每年的第一月称正月，为岁首。由于各个朝代使用的历法不一，故岁首也不相同。夏历的正月是现在我们所用的阴(农)历一月，即所谓"建寅孟春之月"；商代以现在的阴

■图与文

尧（前2377—前2259年），姓伊祁，名放勋，史称唐尧。唐尧在帝位70年，90岁禅让于舜，约公元前2259年，尧118岁时去世。

历十二月为岁首，即所谓"建丑季冬之月"；周历以现在的阴历十一月为岁首，即所谓"建子仲冬之月"；秦代用颛顼历，以现在的阴历十月为岁首，即所谓"建亥孟冬之月"；汉代初期仍以秦历为准。直到汉武帝时，才组织专门班子，改颛顼历为太初历，并把二十四节气纳入历法，仍以夏历的正月为岁首。这就是我们现在仍把阴(农)历称为夏历的原因。郭守敬编写的《授时历》，以一年为365.2425日，与现行公历的平均一年时间长度完全一致。《授时历》是1281年颁行的；现行公历却到1576年才由意大利人利里奥提出来。《授时历》确是我国古代一部很进步的历法。郭守敬把这部历法最后写成定稿，流传到后世，把许多先进的科学成就传授给后人

"年"字的出现始于周代。在此以前，尧舜时称"载"，有天体星辰运载一周之意，夏代称"岁"，含人长一岁，新春将临之意；商代称"祀"，表示四时已过，该编史造册，奉祀神灵祖先了。虽然在唐肃宗时曾一度将"年"改为"载"，但为期很短，又复称为年。年为计时单位，一直沿用到现在。春夏秋冬一个周期，称为一年，在书面语言中，亦不时出现"载"字，显然那是受古时称谓的影响。

月

月是指月份。指正月到十二月中的某一个月（农历包括闰月）。

月份来源的传说来自于《山海经》中的《常羲生月》。《山海经》记载，帝俊有两位妻子，羲和与常羲。羲和生日，常羲生月，所以常羲也被称为月母。

其实羲和与常羲同为制定历法的官职。《世本》中记载，黄帝为了制定历法，让"羲和占日，常仪占月"，常仪就是常羲，占月就是观测月亮的晦朔弦望的周期，这就是"常羲生十二月"的来历。

■ 图与文

《山海经》是先秦重要古籍，是一部富于神话传说的最古老的地理书，全书共计18卷，包括《山经》5卷，《海经》8卷，《大荒经》5卷。

■ 正月

农历一月也叫正月，吴自牧在《梦梁录·正月》中说，"正月朔日，谓之元旦，俗呼为新年。"唐人苏味道在《正月十五夜》诗中描述："火树银花合，星桥铁锁开。"正月又称端月，那是秦朝为避始皇之名讳，秦始皇名政，又作正，故而把正月改为端月。《后汉书·冯衍传》中说："开

■ 图与文

叶绍翁，南宋中期诗人，字嗣宗，号靖逸，处州龙泉人。祖籍建安（今福建建瓯），本姓李，后嗣于龙泉（今属浙江丽水）叶氏。生卒年不详。

岁发春兮,百卉含英。"这里的"开岁"也是指农历一月。

■二月

"春色满园关不住,一枝红杏出墙来。"宋人叶绍翁的诗句中的红杏,花开二月故称杏月。又因二月为春季之中,所以又叫仲春。《尔雅·释天》说:"二月为如。"又据郝懿行义疏云:如者,随从之义,万物相随而出,如如然也。阴历二月因而又称如月。

■三月

春夏秋冬四季,三个月为一季,春季中排行老三,因此把三月叫做季月。"桃花尽日随流水,洞在清溪何处边"。唐人张旭描写的景致为暮春季节,落英缤纷,好似溪水流霞,于是三月的别称又为桃月。此外三月还有晚春、暮春、蚕月等别称。

■四月

农历四月为麦子成熟的时候,《礼记·月令》说:"孟夏之月,麦秋至。"蔡邕在《月令章句》解释为:"百谷各以其初生为春,熟为秋,故麦以孟夏为秋。"四月便称麦月。从季节气候而言,四月为梅雨季,时值梅子黄熟,阴雨时间较长,唐柳宗元所作《梅雨》云:"梅实迎时雨,苍茫值晚春。"所以把四月叫做梅月。四月的别称还有叫余月。《尔雅·释天》说:"四月为余。"郝懿行义疏云:"四月万物皆生枝叶,故曰余。余,舒也。"

■五月

农历五月最常用的别称为仲夏,它排行夏季之中。本月五日为端午节,旧时农家用菖蒲叶与艾叶等扎悬于门首,用以驱邪,因称五月为蒲月。《尔雅·释

■图与文

柳宗元(773—819年),字子厚,唐代河东郡(今山西永济)人,著名文学家、思想家,唐宋八大家之一。著名作品有《永州八记》等六百多篇文章,经后人辑为三十卷,名为《柳河东集》。

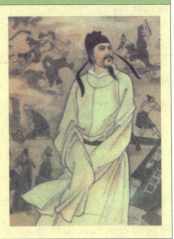

王昌龄（约690—约756），字少伯，山西太原人。盛唐著名边塞诗人，后人誉为"七绝圣手"。

天》说："五月为皋。"郝懿行义疏解释为，"皋者，同高也。高者上也，五月阴生，欲自不而上，又物皆结实，……。"故五月又称为皋月。

■六月

"荷叶罗裙一色裁，芙蓉向脸两边开。"出自唐代王昌龄的《采莲曲》，这出污泥而不染的莲蓬，在暑月为人们带来阵阵凉意，故把六月称为荷月。在《易·系辞上》说，"日月运行，一寒一暑。"又有六月叫做暑月之说。此外，还把六月称为季夏、焦月、溽暑等，如在《礼记·月令》上有"孟夏之月其臭焦。""季夏之月土润溽暑，大雨时行。"

■七月

秋季的头一个月谓新秋。古时，瓜果成熟也在秋天，"米谷豆子，秋收冬藏"，把七月叫做瓜月。有一种兰花在初秋开放，故又把七月称为兰秋和秋月。

■八月

秋季的八月居中，谓之仲秋。《尔雅·释天》中云："八月为壮。"郝懿行义疏解释说，"壮者，大也。八月阴大盛，《易》之大壮，言阳大盛也。"故称八月为壮月。"桂子月中落，天香云外飘。"唐人宋之问把月中的桂花飘香都吹落人间了，何况乡间山歌里唱道："八月里来桂花香"，民间又把八月称为桂月。

■九月

"青女素娥俱耐冷，月中霜里斗婵娟。"李商隐把主霜雪的女神青女绰约仙姿描写得美妙绝伦，其摄入魂魄的精髓便是经得起严寒考验的特性。

九月的别称除了霜月外,还有季秋、菊月、朽月等。黄巢的《菊花》诗歌吟:"待到秋来九月八,我花开后百花杀。冲天香阵透长安,满城尽带黄金甲。"而把九月称为朽月,虽无处考证,或许是因有的草木入冬后衰老、枯落之故。

图与文

黄巢(820—884年),是唐末农民起义的领袖人物,由于他的人格魅力和过人胆识,最终取代王仙芝而成为这场大起义的总领袖。

十月

农历十月的别称有:初冬、开冬、露月、良月等。《尔雅·释天》中说:"十月为阳。"郭璞的注解为:"纯阴用事,嫌于无阳,故以名玄。"《后汉书·马融传》说:"至于阳月,阴慝害作,百草毕落。"乡间开冬之后,旧时娶亲嫁女等操办喜事便选在入冬,此时收成已毕,正值农闲,良辰美景多可入选。

十一月

《礼记·月令》:"仲冬之月,命之曰畅月。"郑玄的注解为"畅,犹充也。"因此农历十一月的别称为畅月。孔颖达还注解为:"言名此月为充实之月,当使万物充实不发动也。"而孙希旦的集解是,"畅,达也。时当闭藏而畅达之,故命之曰畅月,言其逆天时也。"冬季之中,按序列也把十一月叫做仲冬,此外还有辜月、葭月、

图与文

王安石(1021年12月18日—1086年5月21日),字介甫,号半山,谥文,封荆国公。世人又称王荆公。

龙潜月之说，无可考。

■十二月

"墙角数枝梅，凌寒独自开。遥知不是雪，为有暗香来。"宋王安石的咏梅诗，已把寒冬梅花倔犟的风骨和报道春之将至的信息描写得恰到妙处。从周代开始，古人把阴历十二月作为腊祭的日子，以狩猎禽兽祭先祖。据《荆楚岁时记》："十二月八日为腊日。"杜甫《腊日》诗云：腊日常年暖尚遥，今年腊日冻全消。到了秦朝时将十二月定为腊月，以后沿袭之。自古以来，农历十二月为冰天雪地的代名词，故又称之为冰月、严月。

周

周又作星期或礼拜，是古巴比伦人创造的一个时间单位，一个星期为七天。

周的起源应该是连系着月亮的周期，因为七天大约是月亮一周的四分之一。

后来犹太人把它传到古埃及，又由古埃及传到罗马，公元3世纪以后，就广泛地传播到欧洲各国。明朝末年，它也随基督教传入了中国，因而称为礼拜。

一星期的七天是从拉丁语直接转变过来的，拉丁语中星期日为"太阳日"，星期一为"月亮日"，星期二为"火星日"，星期三为"水星日"，星期四为"木星日"，星期五为"金星日"，星期六为"土星日"；法语直接采用拉丁语的名称，只是将星期日改为"主的日"；因为五颗行星的名称都是古罗马神话中的神的名字。英语将其中几个换成古日尔曼人神话中的神，如星期二变为日尔曼战神"提尔"的日子，星期五变为日尔曼女神"弗丽嘉"的日子，星期三变为日尔曼神"奥丁"的日子、同样的星期四也是日尔曼神"索尔"的名字；俄语和斯拉夫语言中，已变成"第一"、

"第二"日……

在中国，可能是在8世纪时透过明教的传入，使中国有了星期的观念，并以"七曜"来分别命名。日曜日是星期天，月曜日是星期一，火曜日是星期二，水曜日是星期三，木曜日是星期四，金曜日是星期五，土曜日是星期六。中国在民国成立后改称星期，其中的"星"字便是指这七曜，但在日本、韩国和朝鲜仍沿用此名字。

■图与文

罗马为意大利首都，也是国家政治、经济、文化和交通中心，世界著名的历史文化名城，古罗马帝国的发祥地，因建城历史悠久而被昵称为"永恒之城"。

中文世界教会常以"礼拜一"……"礼拜日"来称呼星期诸日。受其影响，一般民众也这么用，亦将"礼拜"一词等于"周"。如"下周"等于"下礼拜"。

广东话（广州话）、吴语和闽南话口语也以"礼拜一"……"礼拜日"的方式称呼星期，星期日则称为"礼拜日"，简称"礼拜"。闽南话口语并使用如"拜一"的简称。

日是计量行星自转一周的时间单位。口语中常俗称天。一个太阳日约等于24小时；一个恒星日等于23小时56分4.09894秒。

■太阳日

太阳日有两个概念，其一是民俗学的概念，说的是太阳的生日。为农

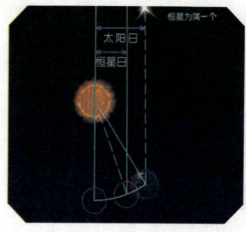

太阳日恒星日示意图

历六月十九,黄历上有记载。其二是指中国古代"七曜"中的"日曜日",与西方的星期日暗合。在天文学中太阳日的指的是:地球同一经线相临两次面向太阳所用的时间。

■ 恒星日

连接一个地方正南正北两点所得的直线为子午线,子午线和铅垂线所决定的平面是正南正北方向的子午面。某地天文子午面两次对向同一恒星的时间间隔叫做恒星日,恒星日是以恒星为参考的地球自转周期。

在天文学上,定义恒星日的不是具体的恒星,而是黄道对于天赤道的升交点,即白羊宫第一点,就是北半球的春分点。但是春分点在不断的西移(岁差),所以天文学上的恒星日与太阳日还是有区别的。恒星日短于太阳日。

■ 小时

小时是一个时间单位。小时不是时间的国际单位制基本单位(时间的国际单位制基本单位是秒),而是与国际单位制基本单位相协调的辅助时间单位。除闰秒外,一小时一般等于3600秒,或者60分钟,或者1/24天。在英文或数学中常用"h"表示。

■ 分

分又称做分钟,是时间的量度单位。分的英语是minute,原意是"微小"的意思。也表示min。

■ 秒

秒是国际单位制中时间的基本单位,符号是s。有时也会借用英文缩写标示为sec.。

国际单位制词头经常与秒结合以做更细微的划分,例如ms(毫秒,千

分之一秒)、us（微秒，百万分之一秒）和 ns（纳秒，十亿分之一秒）。虽然国际单位制词头也可以用于扩增时间，例如 ks（千秒）、ms（百万秒）和 gs（十亿秒），但实际上很少这样子使用，大家都还是习惯用 60 进制的分、时和 24 进制的日作为秒的扩充。

■ 图与文

秒表是一种常用的测时仪器，又可称"机械停表"，由暂停按钮、发条柄头、分针等组成。

时间的进制起源

　　时间概念起源于周期性的天文现象。根据资料考证，最早的时间概念起源于地球相对太阳的转动角度变化。例如：太阳的周期性升落（即地球绕地轴自转一周）产生了"日"（天）的概念，月亮的周期性圆缺（即月亮绕地球转动一圈）产生了"月"的概念，地球的周期性冷热（即地球绕太阳公转一圈）产生了"年"的概念。大约到了公元前 3000 多年（一说 4000 多年），人们又把一日划分为若干相等的小单位，经过漫长的演变过程才形成了现在的小时、分、秒的时间概念。

　　资料考证还表明，最早的时间的基本单位"秒"可能是从平面角度的（角）秒转化或借用过来的。因为自古以来，人们就是根据地球相对太阳转动的角度变化来计时的，所以时间的计量与平面角度的变化也就有了必然的联系。

　　从时间的单位来说：1 小时 = 60 分，1 分 = 60 秒；从平面角度的单位来说：1（角）度 = 60（角）分，1（角）分 = 60（角）秒。显然，这里时间与平面角度的单位名称都相同——都是"分秒"，因而采用相同的进制——60 进制也就成为了必然的选择（据载：美索布达米亚人和苏梅尔人最早发明了 60 进制）。正因为最早的时间是根据地球相对太阳转动的角度变化来

中国的历书

计量的,也因为时间和平面角度具有相同的单位和名称,所以有的学者据此认为,最早的时间"秒"的名称可能是从平面角度的"秒"转化或借用过来的(有的学者还认为,最早的时间"秒"的量值单位可能是从人的脉搏跳动次数转化或借用过来的)。

资料考证还表明,时间和平面角度采用60进制可能与制订历书有关,因为制订历书要对天体运转的圆周进行等分,而等分中能把60除尽的整数又比10进制的多。例如:地球相对太阳自转一周的平面角度(360度)等于时间的1天(24小时),即1圆周=1天(日);也就是360度=24小时,1度=4(时)分,1(角)分=4(时)秒,15(角)秒=1(时)秒。很明显,这些单位之间换算起来既简便又无小数。因此,60进制的采用也就成为了时间和平面角度的最佳选择。当然,后来的实际也证明了时间和平面角度采用60进制,不论从数值计算还是从单位换算来说确实是很简便的。

既然从时间和平面角度采用60进制的历史过程来说是必然的选择,从时间和平面角度的换量计算来说也是很简便的,那么,为什么有的国家还要改其为10进制呢?据说是为了与10进制的国际单位制相一致。例如:1793年,法国就曾把时间的60进制改变为10进制,然而这种改变根本收不到好效果,因此只持续几个月就废除了。法国60进制的改革虽然废除了,但这并不说明60进制不可改变。从另一个方面来讲,秒的次级单位毫秒(0.001秒)和微秒(0.000001秒)已经按10进制计算了。那么,是否有

一天也会对秒及其分、小时也按 10 进制计算呢？这当然只是一个计量的习惯性、简便性和经济性问题。应该说，当人们对这些问题形成共识的时候，60 进制的改变也是可能的事情。

时间单位换算

1 秒 =1 000 毫秒 (ms)

1 毫秒 =1 / 1 000 秒 (s)

1 秒 =1 000 000 微秒 (μs)

1 微秒 =1 / 1 000 000 秒 (s)

1 秒 =1 000 000 000 纳秒 (ns)

1 纳秒 =1 / 1 000 000 000 秒 (s)

1 秒 =1 000 000 000 000 皮秒 (ps)

1 皮秒 =1 / 1 000 000 000 000 秒 (s)1s=1 000ms

1ms=1 000us

1us=1 000ns

1ns=1 000ps

60 秒 =1 分钟

60 分钟 =1 小时

24 小时 =1 天

7 天 =1 星期

365.25 天 =1 年

100 年 =1 世纪

1 平太阳日 =24 小时 3 分 56.555 秒

1 恒星日 =23 小时 56 分 4.091 秒

1 太阳年 (回归年)=365.242 2 天 =365 天 5 小时 48 分 46 秒

1 恒星年 =365.256 4 天 =365 天 6 小时 9 分 9.5 秒

1 朔望月 =29.530 6 天

1 恒星月 =27.371 2 天

1 太阳年 =12 个朔望日 =354.36 天

1 秒 = 光行 30 万千米

1 分 = 60 秒

1 刻 = 15 分

1 小时 = 4 刻

1 时 = 2 小时

1 天 = 12 时

1 候 = 5.072 812 5 天

1 节 = 3 候

1 旬 = 10 天

1 月 = 3 旬

1 季 = 6 节

1 年 = 4 季

1 代 = 10 年

1 世 = 30 代

1 纪 = 10 代

非常小的时间单位

■ 毫秒

毫秒是一种较为微小的时间单位，是 1 秒的千分之一。典型照相机的最短曝光时间为 1 毫秒。一只家蝇每 3 毫秒扇 1 次翅膀；蚊子 20 毫秒振翅 1 次；蜜蜂则每 5 毫秒扇 1 次。由于月亮绕地球的轨道逐渐变宽，它绕一圈所需的时

间每年长 2 毫秒。在计算机科学中，10 毫秒的间隔称为一个 jiffy。

■ **微秒**

微妙即百万分之一秒。

光在这个时间里可以传播 300 米，大约是 3 个足球场的长度，但是海平面上的

■ 图与文

蚊子，属于昆虫纲双翅目蚊科，全球约有 3000 种。是一种具有刺吸式口器的纤小飞虫。通常雌性以血液作为食物，而雄性则吸食植物的汁液。

声波只能传播 1/3 毫米。高速的商业频闪仪闪烁一次大约持续 1 微秒。一筒炸药在它的引信烧完之后大约 24 微秒开始爆炸。

■ **纳秒**

1 秒的 10 亿分之一，即等于 10 的负 9 次方秒。常用作内存读写速度的单位。光在真空中 1 纳秒仅传播 30 厘米（不足一个步长）。个人电脑的微处理器执行一道指令（如将两数相加）约需 2 至 4 纳秒。另一种罕见的亚原子粒子 K 介子的存在时间为 12 纳秒。

■ **皮秒**

皮秒即 10 亿分之一秒的千分之一。

■ 图与文

晶体管是一种固体半导体器件，可以用于检波、整流、放大、开关、稳压、信号调制和许多其它功能。

最快晶体管的运行以皮秒计。一种高能加速器产生的罕见亚原子粒子 b 夸克在衰变之前可存在 1 皮秒。室温下水分子间氢键的平均存在时间是 3 皮秒。

■ **飞秒**

飞秒（femtosecond）

高速激光

也叫毫微微秒，简称 fs，是标衡时间长短的一种计量单位。1 飞秒只有 1 秒的 1000 万亿分之一，即 1e-15 秒或 0.001 皮秒（1 皮秒是，1e-12 秒）。即使是每秒飞行 30 万千米的光速，在 1 飞秒内，也只能走 0.3 微米，不到一根头发丝的百分之一。可见光的振荡周期为 1.30 到 2.57 飞秒。一个分子里的一个原子完成一次典型振动需要 10 到 100 飞秒。完成快速化学反应通常需要数百飞秒。光与视网膜上色素的相互作用（产生视觉的过程）约需 200 飞秒。

■阿秒

阿秒英文名是 attosecond，相当于 10 的负 18 次秒，是非常小的时间单位。如果宇宙的年龄几百亿年，那么 10 的负 18 次相当于其中的 1 秒。

■渺秒

渺秒，百亿亿分之一秒，最短暂的时间。中性 π 介子的寿命。

科学家是用渺秒来对瞬时事件进行计时的。研究人员已经用稳定的高速激光产生了仅持续 250 渺秒的光脉冲。

古中国的时间单位

现时每昼夜为二十四小时，在古时则为十二个时辰。当年西方机械钟表传入中国，人们将中西时点，分别称为"大时"和"小时"。随着钟表的普及，人们将"大时"忘淡，而"小时"沿用至今。

古时的时（大时）不以一二三四来算，而用子丑寅卯作标，又分别用鼠牛虎兔等动物作代，以为易记。具体划分如下：

子时，夜半十一时至翌晨一时（从夜间11点起算，到凌晨1点），古时尚有午夜、子夜、夜半、夜分、宵分、未分、未旦、未央等别称。

鼠

丑时，晨一时至三时（凌晨1点到凌晨3点）别称鸡鸣。

寅时，三时至五时（凌晨3点到5点），别称骑旦、平明、平旦。

卯时，五时至七时（凌晨5点到7点），为古时官署开始办公的时间，故又称点卯，因是时正值朝暾冉冉东升，故又称之日出。

辰时，七时至九时（7点到9点），别称食时。

巳时，九时至十一时（9点到11点），又称"隅中"。

午时，十一时至十三时（11点到13点），别称日中，而正午十二时又有平午、平昼、亭午等别称。

未时，十三时至十五时（13点到15点），此时太阳蹉跌而下，开始偏西，故又称日侧、日映。

申时，十五时至十七时（15点到17点），别称哺时、日哺。

酉时，十七时至十九时（17点到19点），又叫日入。

戌时，十九时至二十一时（19点到21点），别称黄昏。

亥时，二十一时至二十三时（21点到23点），此时正是夜阑人静之夕，故又称人定，还称夤夜。

仿制的古代计时器：铜刻漏。古人说时间，白天与黑夜各不相同，白天说"钟"，黑夜说"更"或"鼓"。又有"晨钟暮鼓"之说，古时城镇多设钟鼓楼，晨起（辰时，今之七点）撞钟报时，所以白天说"几点钟"；

刻 漏

暮起（酉时，今之十九点）鼓报时，故夜晚又说是几鼓天。夜晚说时间又有用"更"的，这是由于巡夜人，边巡行边打击梆子，以点数报时。全夜分五个更，第三更是子时，所以又有"三更半夜"之说。

时以下的计量单位为"刻"，一个时辰分作八刻，每刻等于现时的十五分钟。旧小说有"午时三刻开斩"之说，意即，在午时三刻钟（差五分钟到正午）时开刀问斩，此时阳气最盛，阴气即时消散，此罪大恶极之犯，应该"连鬼都不得做"，以示严惩。

刻以下为"字"，关于"字"，广东广西的粤语地区至今仍然使用，如"下午三点十个字"，其意即"十五点五十分"。据语言学家分析，粤语中所保留的"古汉语"特别多，究其原因，盖因古中原汉人流落岭南，与中原人久离，其语言没有与留在中原的人"与时俱进"。"字"以下的分法不详，据《隋书律历志》载，秒为古时间单位，秒以下为"忽"；如何换算，书上没说清楚，只说："'秒'如芒这样细；'忽'如最细的蜘蛛丝"。

古时计时工具有两种，一是"日晷"，二是"漏"。日晷是以太阳影子移动，对应于晷面上的刻度来计时。日晷不用说了，大家应该在北京故宫里和观象台上见过。漏是以滴水为计时，是由四只盛水的铜壶组合，从上而下互相迭放。上三只底下有小孔，最下一只竖放一个箭形浮标，随滴水而水面升高，壶身上有刻度，以为计时。原一昼夜分100刻，因不能与十二个时辰整除，又先后改为96，108，120刻，到清代正式定为96刻；

就这样,一个时辰等于八刻。一刻又分成三分,一时辰共有二十四分,与二十四个节气相对。注意,这分不是现时的分钟,而是"字",在两刻之间,用两个奇怪符号来刻,所以叫做"字"。字以下又用细如麦芒的线条来划分,叫做"秒";秒字由"禾"与"少"合成,禾指麦禾,少指细小的芒。秒以下无法划,只能说"细如蜘蛛丝"来说明,叫做"忽";如"忽然"一词,忽指极短时间,然指变,合用意即,在极短时间内有了转变。

日 晷

第三章
计时的工具

时间是有单位的,同时,也是可以计时的。在人类历史的发展过程中,产生了许多计时工具。现代点的有,打点计时器,计时码表;古代点的有,日影钟、水钟、蜡烛钟、香钟等。

无论是古代比较陈旧的计时工具,还是现在比较新颖的计时工具,都是人类的伟大发明创造。

现在,随着科学技术的发展,期望人类能发明出更多,更有效的计时新工作,为人类造福。

打点计时器

打点计时器是一种测量时间的工具。如果运动物体带动的纸带通过打点计时器，在纸带上打下的点就记录了物体运动的时间，纸带上的点也相应地表示出了运动物体在不同时刻的位置。研究纸带上的各点间的间隔，就可分析物体的运动状况。

电磁打点计时器：电磁打点计时器是一种使用交流电源（学生电源）的计时仪器，其工作电压小于6V，一般是4—6V，电源的频率是50Hz，它每隔0.02s打一次点。即一秒打50个点。

当给电磁打点计时器的线圈通电后，线圈产生磁场，线圈中的振片被磁化，振片在永久磁铁磁场的作用下向上或向下运动，由于交流电的方向每个周期要变化两次，因此振片被磁化后的磁极要发生变化，永久磁铁对它的作用力的方向也要发生变化。当电流为图甲所示时，此时打点一次或此时不打点，所以在交流电的一个周期内打点一次，即每两个点间的时间间隔等于交流电的周期。

电火花打点计时器：电火花打点计时器是利用火花放电使墨粉在纸带上打出墨点而显出点迹的一种计时仪器，给电火花打点计时器接220V电源，按下脉冲输出开关，计时器发出的脉冲电流，接正极的放电针和墨粉纸盘到接负极的纸盘轴，产生火花放电，于是在纸带上打出一系列的点，而且在交流电的每个周期放电一次，因此电火花打点计时器打出点间的时间间隔等于交流电的周期，当电源频率为50赫兹时，它每隔0.02S打一次点。

电火花计时器是利用火花放电在纸带上打出小孔而显示出点迹的计时仪器，使用220V交流电压，当频率为50Hz时，它每隔0.02s打一次点，电火花计时器工作时，纸带运动所受到的阻力比较小，它比电磁打点计时器实验误差小。

电火花打点的原理，是利用具有特定几何形状的放电电极（EDM 电极）在金属（导电）部件上烧灼出电极的几何形状。电火花计时打点器的电极即为圆点状。电火花是一种自激放电。其特点如下：火花放电的两个电极间在放电前具较高的电压，当两电极接近时，其间介质被击穿后，随即发生火花放电。伴随击穿过程，两电极间的电阻急剧变小，两极之间的电压也随之急剧变低。火花通道必须在维持暂短的时间后及时熄灭，才可保持火花放电的"冷极"特性（即通道能量转换的热能来不及传至电极纵深），使通道能量作用于极小范围。通道能量的作用，可使电极局部被腐蚀。

在使用打点计时器的时候，应该注意：

1. 实验前，应将打点计时器固定好，以免拉动纸带时晃动，并要先轻轻试拉纸带，应无明显的阻滞现象。

2. 使用打点计时器，将打点计时器固定在实验台，应先接通电源，待打点计时器打点稳定后再放开纸带，使时间间隔更准确。

3. 打点计时器使用的电源是交流电源，电磁打点计时器电压是4—6V；电火花打点计时器电压是220V。

4. 小车离滑轮端不能太近，向前的余地太小，会使纸带上留下的计时点过少，给测量带来不便，产生较大的误差。

5. 滑轮位置不能太低，会使砝码与小车之间的连线与木板相接触，且线的拉力方向与板面不平行，阻力大，误差大。

6. 手拉动纸带时速度应快一些，以防点迹太密集。

7. 使用电火花计时器时，应注意把纸带正确穿好，墨粉纸位于纸带上方；使用电磁打点计时器时，应让纸带通过限位孔，压

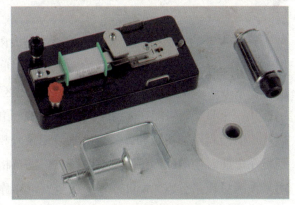

打点计时器实物

在复写纸下面,使复写纸和墨粉纸转动更灵活。

8. 打点计时器在纸带上应打出轻重合适的小圆点,如遇到打出的是小横线、重复点或点迹不清晰,应调整振针距复写纸片的高度,使之大一点。

9. 复写纸不要装反,每打完一条纸带,应调整一下复写纸的位置,若点迹不够清晰,应考虑更换复写纸。

10. 纸带应捋平,减小摩擦,从而起到减小误差的作用。

11. 打点器不能长时间连续工作。每打完一条纸带后,应及时切断电源。待装好纸带后,再次接通电源并实验。

12. 对纸带进行测量时,不要分段测量各段的位移,正确的做法是一次测量完毕(可先统一测量出各个测量点到起始点0之间的距离)读书时应该估读到毫米的下一位。

13. 处理纸带数据时,密集点的位移差值测量起来误差大,应舍去;一般以五个点为一个计数点。

14. 描点作图时,应把尽量多的点连在一条直线(或曲线)上,不能连在线上的点应分居在线的两侧。误差过大的点可以舍去。

早期的计时工具

许多古老的文明会观察天体——通常是太阳和月亮,以确定时间、日期和季节。现今在西方社会通用的六十进制时间系统,可追溯至约四千年前的美索不达米亚和古埃及。后来,中美洲地区开发类似的系统。

第一个日历,可能在冰河时代末期,由狩猎收集者(hunter-gatherers)创造。他们利用如树枝和骨头等工具,记录月相和季节。世界各地——特别是在史前时期的欧洲——都有石阵,例如英格兰的巨石阵,石阵相信是用来预测昼夜平分点(equinoxes)或至点(亦称二至点)等的时间。那些巨石文明(Megalith)没有留下历史纪录;因此,现代对他们的日历或计时

方法，所知甚少。

■ **公元前3500年至公元前500年**

日影钟是第一个能够量度小时的装置。已知道最古老的日影钟来自埃及，用绿片岩制造。古埃及约在公元前3500年建造的方尖碑，也是最早的日影钟之一。

石　阵

埃及的日影钟把白天分为十个部分，另外加上4个"微亮小时"——早上2个，傍晚2个。有一种日影钟由一枝长杆和高架横杆组成，长竿上有5个不相等的记号，横杆的阴影会投射到记号之上。横杆在早上指向东方，在正午会指向西方。方尖碑的运作方式差不多：阴影投射到围绕它的记号上，埃及人从而可以计算时间。方尖碑可以指出上午或下午、夏至或冬至。

现在已知最古老的水钟，在法老阿蒙霍一世（Amenhotepl）（公元前1525年至1504年）的墓中发现，这显示古埃及最先使用水钟。另一方面，相信沙漏也是由古埃及人发明。此外，埃及自公元前600年，开始使用叫作merkhet的铅垂线在晚间量度时间。这工具的铅垂

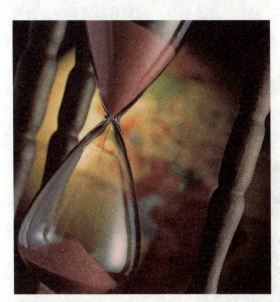

沙　漏

线跟勾陈一（北极星）一致，形成南北子午圈。当特定的星宿横过线时，就能准确报时。

■ **公元前500年至公元前1年**

柏拉图把水钟（漏壶）引进古希腊之后，水钟成为古希腊广泛使用的计时工具。柏拉图也发明了一种以水钟为基础的闹钟。希腊人和新巴比伦王国保存计时记录，作为组成天体观察的重要部分。漏壶也用在希腊法庭，和后来的罗马法庭上。

虽然水钟比日影钟更好用——水钟在室内、夜间或天空多云的日子都可以使用；不过它们不准确。因此，希腊人寻求方法改善他们的水钟。到了公元前325年，水钟的准确度大为改善，虽然仍然及不上日影钟。这时的钟有钟面，其上有时针，令人更容易读准时间。水钟较常见的问题是水压：当容器注满水时，增加的水压令水流更迅速。在公元前100年，希腊和罗马的钟表专家，开始解决这个问题；其后的几个世纪，在这一方面得到持续改善。为了抵消高水压增加的水流量造成的影响，装水的容器造成圆锥形状，上阔下窄。于是虽然水平面下降的距离相等，但当容器水满的时候，流出的水要比水半满的时候多。然而，还是有些问题没有得到解决：如温度的影响。天气寒冷的时候，水流比较缓慢，甚至可能冻结。

■ **图与文**

柏拉图是古希腊伟大的哲学家，也是全部西方哲学乃至整个西方文化最伟大的哲学家和思想家之一。

虽然希腊人和罗马人大大改进水钟的技术，他们仍然继续使用影子钟表。据说数学家和天文学家比提尼亚的狄奥多，发明了全球通用的日晷。这个日晷在地球上任何地方都能准确报时，不过现代对它所知甚少。罗马人在奥古斯都大帝统治期间，建造有史以来最大的日晷——奥古斯都日晷。其晷

针是从赫利奥波利斯而来的方尖碑。

■ 公元1—1500年

（1）水钟

李约瑟推测水钟——漏壶可能从美索不达米亚传入中国，时间可能早达公元前2世纪的商代，最迟不会晚于公元前1世纪。由汉代（公元前202）开始，泄水型漏壶逐步被受水型漏壶取代，其特色是浮在受水壶水面上的漏箭，随水面上升指示时间。

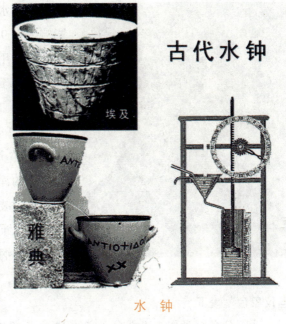

古代水钟

水 钟

（2）蜡烛钟

蜡烛钟在何处及何时首次使用已不可考。不过，最早提到蜡烛钟的，是一首写于520年的中国诗。诗中说，燃烧的蜡烛是夜间量度时间的方法。直到10世纪初，日本一直使用类似的蜡烛钟。

（3）香钟

远东地区除了使用水钟、机械钟和蜡烛钟外，也会使用香钟计时。中国大约在6世纪首先使用香钟。在日本的正仓院，仍保存了一个香钟，不过在其上的文字不是中文，而是梵文。由于佛教经常使用梵文，因此爱德华·沙菲尔推测香钟在佛教仪式中使用，而且是由印度人发明。香钟跟蜡烛钟很相似，不过香烧均匀而且无火焰，因此在室内使用时，比蜡烛钟更准确和更安全。

（4）使用擒纵器的水钟

第一个使用擒纵器的水钟，是由密宗僧人兼数学家一行和政府官梁令瓒。他们建于长安的这个擒纵器水钟是个天文数仪器。一行的擒纵器钟仍

僧一行

然是一个水钟,因此会受温度变化的影响。在 976 年,张思训解决了这个问题。他用汞(水银)取代水,汞在温度下降到摄氏零下 39 度(华氏零下 38 度)时,仍然是液体。

(5)天文钟

元祐元年(1086 年)苏颂检验太史局的浑仪时,决心要将浑仪、浑象和报时装置结合。苏颂拜访吏部守当官韩公廉,取得张衡、张思训的"仪器法式大纲"。元祐三年(1088 年)开始动工,元祐七年(1092 年)"水运仪象台"竣工。

水运仪象台类似于天文台,高约 12 米,宽 7 米,上下分三层;上层是浑天仪(天体测量之用),中层是浑象仪(天体运行演示),下层是司辰(自动报时器)。全程用水力推动,可精确报时。李约瑟指这是欧洲天文钟的直接祖先,苏颂于绍圣初年著《新仪像法要》一书,详述水运仪象台的整体功能,零件 150 多种,60 多幅插图。

水运仪象台原件在靖康之祸(1127 年)时,金兵将水运仪象台掠往燕京(北京)置于司天台,在金朝贞祐二年(1214 年)因不便运输被丢弃。而南宋时苏携保存的手稿因无人理解其中方法而无人能仿造。

近代计时工具

■ 机械钟

机械钟由僧人一行和官员梁令瓒发明。至元明之时,计时器摆脱了天

文仪器的结构形式,得到了突破性的新发展。元初郭守敬、明初詹希元创制了"大明灯漏"与"五轮沙漏",采用机械结构,并增添盘、针来指示时间,其机械的先进性便明显地显示出来,时间性也益见准确。

到14世纪,西方国家广泛使用机械钟。在16世纪,奥斯曼帝国的科学家达兹·艾丁发明了机械闹钟。

■ 摆钟

1583年,意大利人伽利略建立了著名的等时性理论,也就是钟摆的理论基础。1656年,荷兰的科学家克里斯蒂安·惠更斯应用伽利略的理论,设计了钟摆。第二年,在他的指导下,年轻钟匠哥士达成功制造第一个摆钟。1675年,他又用游丝取代了原始的钟摆,这样就形成了以发条为动力、以游丝为调速机构的小型钟,同时也为制造便于携带的袋表提供了条件。

摆　钟

■ 袋表

18世纪期间发明了各种各样的擒纵结构,为袋表(或称怀表)的发展奠定了基础。英国人乔治·葛咸在1726年完善工字轮擒纵结构;它和之前发明的垂直放置的机轴擒纵结构不同,所以使得袋表机芯相对变薄。另外,1757年左右,英国人汤马士·穆治发明了叉式擒纵结构,进一步提高了袋表计时的精确度。这期间一直到19世纪,产生了大批钟表生产厂家,为袋表的发展作出了贡献。

手 表

■ 手表

1904年,飞行员阿尔拔图·桑托斯—杜蒙特要求他的朋友,法国制表匠路易士·卡地亚,设计一个他可以在飞行时使用的表。其实在1868年,柏德菲腊已经发明了手表,不过当时这种女士的手镯表,只当作首饰。路易士.卡地亚创造了桑托斯手表,第一只为男士设计而且实用的手表。

■ 石英振荡器

1921年,华持·加迪制造第一个石英晶体振荡器。沃伦·马利逊和JW.霍顿于1927年,在加拿大的贝尔实验室制造首个石英钟。之后几十年,因为由真空管组成的石英钟笨重,它只能设置于实验室中。

1967年瑞士人发表第一款石英表,1969年,精工制作了世界上第一个商业化生产的石英手表——雅士图。它的准确性和低生产成本,令石英钟表大受欢迎。

■ 原子钟

原子钟比所有计时装置都准确,数万年才会误差几秒钟,所以可以用于校准其他钟表。第一个原子钟于

石英钟

时间

1949年发明，现陈列于史密森尼学会。美国国家标准局（又称国家标准与技术研究所）的铯原子钟，每年的误差只有300亿分之一秒。

钟表发展史

有关钟表的发展历史，大致可以分为三个演变阶段，那就是：一、从大型钟向小型钟演变。二、从小型钟向袋表过渡。三、从袋表向腕表发展。每一阶段的发展都是和当时的技术发明分不开的。

公元1088年，当时我国宋朝的科学家苏颂和韩工廉等人制造了水运仪象台，它是把浑仪、浑象和机械计时器组合起来的装置。它以水力作为动力来源，具有科学的擒纵机构，高约12米，7米见方，分三层：上层放浑仪，进行天文观测；中层放浑象，可以模拟天体作同步演示；下层是该仪器的心脏，计时、报时、动力源的形成与输出都在这一层中。虽然几十年后毁于战乱，但它在世界钟表史上具有极其重要的意义。由此，我国著名的钟表大师、古钟表收藏家矫大羽先生提出了"中国人开创钟表史"的观点。

14世纪在欧洲的英、法等国的高大建筑物上出现了报时钟，钟的动力来源于用绳索悬挂重锤，利用地心引力产生的重力作用。15世纪末、16世纪初

广场上的报时钟

出现了铁制发条,使钟有了新的动力来源,也为钟的小型化创造了条件。1583年,意大利人伽利略建立了著名的等时性理论,也就是钟摆的理论基础。1656年,荷兰的科学家惠更斯应用伽利略的理论设计了钟摆,第二年,在他的指导下年轻钟匠 S.Coster 制造成功了第一个摆钟。1675年,他又用游丝取代了原始的钟摆,这样就形成了以发条为动力、以游丝为调速机构的小型钟,同时也为制造便于携带的袋表提供了条件。

18世纪期间发明了各种各样的擒纵机构,为袋表的进一步产生与发展奠定了基础。英国人 GeorgeGraham 在1726年完善了工字轮擒纵机构,它和之前发明的垂直放置的机轴擒纵机构不同,所以使得袋表机芯相对变薄。另外,1757年左右英国人 ThomasMudge 发明了叉式擒纵机构,进一步提高了袋表计时的精确度。这期间一直到19世纪产生了一大批钟表生产厂家,为袋表的发展作出了贡献。19世纪后半叶,在一些女性的手镯上装上了小袋表,作为装饰品。那时人们只是把它看成是一件首饰,还没有完全认识到它的实用价值。直到人类历史进入20世纪,随着钟表制作工艺水平的提高以及科技和文明的巨大变革,才使得腕表地位的确立有了可能。

20世纪初,护士为了掌握时间就把小袋表挂在胸前,人们已经很注重它的实用性,要求方便、准确、耐用。尤其是第一次世界大战的爆发,袋表已经不能适应作战军人的需要,腕表的生产成为大势所趋。1926年,劳力士表厂制成了完全防水的手表表壳,获得专利并命名为 oyster,第二年,一位勇敢的英国女性 MercedesGleitze 佩带着这种表完成了个人游泳横渡英伦海峡的壮举。这一事件也成

可挂在胸前的小表

为钟表历史上的重要转折点。从那以后,许多新的设计和技术也被应用在腕表上,成为真正意义上的带在手腕上的计时工具。紧接着的二战使腕表的生产量大幅度增加,价格也随之下降,使普通大众也可以拥有它。腕表的年代到来了!

从我国水运仪像台的发明到现在各国都在研制的原子钟这几百年的钟表演变过程中,我们可以看到,各个不同时期的科学家和钟表工匠用他们的聪明的智慧和不断的实践融合成了一座时间的隧道,同时也为我们勾勒了一条钟表文化和科技发展的轨迹。

土圭

关于中国的钟表史,得从三千多年前说起,我国祖先最早发明了用土和石片刻制成的"土圭"与"日晷"(又称日规)两种计时器,成为世界上最早发明计时器的国家之一。到了铜器时代,计时器又有了新的发展,用青铜制的"漏壶"取代了"土圭"与"日规"。东汉元初四年张衡发明了世界第一架"水运浑象",此后唐高僧一行等人又在此基础上借鉴改进发明了"水运浑天仪"、"水运仪象台"。至元明之时,计时器摆脱了天文仪器的

南京钟

69

结构形式，得到了突破性的新发展。元初郭守敬、明初詹希元创制了"大明灯漏"与"五轮沙漏"，采用机械结构，并增添盘、针来指示时间，其机械的先进性便明显地显示出来，时间性也益见准确。

19世纪末期，我国造钟工艺达到了一个崭新的水平。1875年由上海"美利华"作坊制造的南京钟，屏风式样，钟面镀金，镌刻花纹，以造型古朴典雅、民族风格鲜明和报时清脆、走时准确而闻名于海内外，曾于1903年在巴拿马国际博览会上获特别奖。我国手表是1955年由天津、上海先后试制出来的。较为出名的有东风、上海、宝石花、海鸥等牌号。

计时码表

什么是计时码表？

机械钟表的功能可谓丰富多彩，而计时码表（Chronograph）一直在表迷心中占据着巨大的空间，仔细一想，其间有个重要的原因——计时码表在最大程度上带来了人与手表的互动感觉，那感觉如此美妙。

当我们把玩自己的码表，启动开始、停止以及归零功能时，流露在指间的不仅有清脆的声响、灵动的指针，这些实际上都是精密机械内在的无限魅力。"Chronograph"也被写作"Chronoscope"，最初来源于希腊的文字，由"Chronos"和"Grapho"两个单词组合而成，其中的"Chronos"表示时间，而"Grapho"的意思就是记录。

计时码表

在码表机芯两大阵营壮大的同时，自动计时码表也在不断地发展。1947年，Lemania机芯厂研制出自动上弦的计时码表，但是由于当时的技术问题以及计时码表消费市场的逐渐萎缩，它并没有成为生产的主力产品。

直到20世纪60年代，这种情况才有了变化。1969年3月3日，第一只自动计时码表同时出现在日内瓦、纽约、东京和香港等地。它是由Buren—Hamilton、Breitling和Heuer—Leonidas几家表厂与Dubois&Depraz机芯厂组成的联合体共同研发出来的，机芯的名称叫做"Chronomatic"，装配了微型的自动陀，没有使用柱状轮，机芯的厚度为7.7毫米。

同年5月，日本精工集团开始销售带有日历和星期显示以及30分钟记录盘的自动计时码表。瑞士巴塞尔钟表展览会上，真利时（ZENITH）摩凡陀（MOVADO）和宇宙公司也向世人展示了他们共同开发的自动计时表，所用机芯取名叫做"ElPrimero"（西班牙语"第一"的意思），机芯具有中心自动陀并且使用了传统的柱状轮，机芯的厚度为6.5毫米。

最引人注目的是这款机芯的摆动频率是36000次/小时，属于超高频自动机械机芯，影响深远。1972年，Lemania（现称为宝玑）和欧米茄公司推出合作开发的自动计时码表机芯"Caliber1040"，这款机芯没有采用柱状轮机构。

此后不久，著名的"Valjoux7750"机芯面世了，它是目前钟表生产厂家普遍使用的自动计时码表机芯，也是非柱状轮码表机芯的代表作之一。1988年，FredericPiguet公司推出了"Cal.1185"码表机芯，它不仅采用了传统的柱状轮，而且是世界上最薄的自动计时码表机芯，口径为25.94毫米（111/2法分）厚度仅为5.4毫米。

1997年，Lemania公司推出"Calibre1050"，它是世界上体积最小的自动计时码表机芯，同样采用了传统的柱状轮，口径只有23.69毫米（101/2法分），厚度6毫米。

第四章
时间管理

俗语说：尺璧寸阴，一寸光阴一寸金。的确，时间是最容易稍纵即逝的东西。时间对于每个人来说也是不可再生的宝贝。就像生命对于人类一样，也只有一次，只要你错过了时间，就不可能再回到原来的时间里了。所以，要珍惜时间，学会良好的时间管理方法。

那么，什么是时间管理呢？时间管理就是用技巧、技术和工具帮助人们完成工作，实现目标。时间管理并不是要把所有事情做完，而是更有效的运用时间。时间管理的目的除了要决定你该做些什么事情之外，另一个很重要的目的也是决定什么事情不应该做；时间管理不是完全的掌控，而是降低变动性。

提高时间使用率

富兰克林说过一句名言：你热爱生命吗？那么，别浪费时间，因为时间是组成生命的材料。这句话教育我们要珍惜时间，但是珍惜时间是不是就意味着成功呢？

某公司来了一位扎实能干的年轻人，不久就被提升为部门经理。

这让同在该部门工作的安德烈很生气，因为他在这家公司里忙碌了15年，但是一直没有被提升。他越想越来气，跑到董事长办公室，抱怨说："我在这儿工作兢兢业业，已经有15年的经验，可是您却把刚来了一年的新手提升成经理。我不明白这是怎么回事。"

董事长耐心地听他说完："安德烈，你的心情我可以理解。"

他的眼里露出期望的光，董事长接着说："但是有一点你弄错了：你并没有15年的工作经验，你只有一年的经验，而把它兢兢业业地用了15年。"

穷忙族

在这个问题上，很多"穷忙族"和安德烈一样，都是从方法上珍惜时间的高手，但从战略高度来看，却是管理时间的失败者。

他们十分懂得珍惜时间，一分钟当成两分钟用，一小时当成两小时用，一天当成两天用，总是把一切事列入自己的计划，干这干那，整天忙忙碌碌，从来没有轻松愉快的时刻，也从来没有女友一起度过的清

时间

静夜晚。摆在他面前的，只有一天到晚无休无止的工作。

美国诗人魁士特曾经这样描述这种忙碌的生活：

再见先生，请原谅，

我没有时间，

我必须结束谈话。

我本来乐意帮助你，

但我没有时间；

我本来应该接受邀请，

但我没有时间；

我无法思考，我无法阅读，

因为我没有时间；

我想向上帝祈祷，

但是我没有时间。

或许，他们在有限的时间里做了很多的事，但最终所取得的成就却微乎其微，或者说并没有得到期望的回报，甚至也并没有得到比别人更多的收益。问题出在哪里呢？

究其原因，并不是没有珍惜时间，真正的原因在于珍惜时间本身并不足以使人成功和快乐。

"头悬梁，锥刺股"的苏秦，以及富兰克林的成功，并不仅仅是因珍惜时间而获得的。或者说，珍惜时间并不足以达到那样的成功高度。

■图与文

苏秦（—前317年），字季子，战国时期的洛阳（周王室直属）人，是与张仪齐名的纵横家。可谓"一怒而诸侯惧，安居而天下熄"。苏秦最为辉煌的时候是劝说六国国君联合，堪称辞令之精彩者。于是身佩六国相印，进军秦国，可是由于六国内部的问题，轻而易举就被秦国击溃。

很多人稍微用心一下，就能够轻而易举地找到许多节约时间的办法，但这是一种不正确的片面做法。

珍惜时间，实际上可以称为绝对时间的利用，前提是假设单位时间的利用率是一个基本不变的量，强调分分秒秒的加紧利用，不能浪费。在一件工作上花费的时间越多，间隔越长，那么获得的效益就越多。

这种利用方式要求增加和延长工作时间，来提高产出。中国古人多主张这种利用时间的方式，如头悬梁锥刺股、映雪囊萤这些故事，无不反映了"只要工夫深，铁棒磨成针"的观念。

但是同样一天工作8个小时，可是第一个人完成的工作却是第二个人的两倍，又是为什么呢？答案在于时间利用的效率。

效率是时间管理的极其重要的组成部分，它是指对于给定的输入，如果你能获得更多的输出，你就提高了效率。类似的，对于较少的输入，你能够获得同样的输出，你同样也提高了效率。因为我们在工作中的输入资源如资金、人员、设备等都是稀缺的，而这所有的稀缺都可以表现为时间的稀缺，因此提高时间的运用效率，也就是提高资源的有效利用率。

从这个角度来说，效率就是要使资源成本最小化，可以称为相对时间的利用。它强调利用各种方法开发单位时间中的利用率，主张工作学习的时间尽量不延长，着眼于提高时间利用的效益。比如按质用时、交叉轮、时间隔离和集中使用等等方法。

提高效率，比单纯地珍惜时间又前进了一大步，成为工业时代人们的选择趋势。它使人能够突破时间这个限制因素，而适应发展的社会需要。

珍惜时间和提高效率都可以使时间增值，使我们获得更多可支配的自由时间。例如你完成某件工作，每次需要

■图与文

李白（701-762年），字太白，号青莲居士，唐朝诗人，有"诗仙"之称，最伟大的浪漫主义诗人。

10小时的时间，花 5 小时学会一种新方法以后，每次完成相同的工作只需要 7 小时时间，那么，学习新方法的那 5 个小时使你的时间得到了增值。

另一种形式是使每单位的时间能提供更多回报。例如当每小时只能赚 10 元钱的时候，每个月要赚 1000 元的话，每天必须工作 5 小时。每小时能赚 100 元时，每天只需工作半小时就能维持每月 1000 元的收入，从而获得更多自由时间。

事实上，无论在这个世界上的任何行业和职业，也无论在哪里生活，从事什么样的活动，所有快乐的成功者都有一个相同的特点：他们知道时间管理就是人生管理。在成千上万成功者的传记当中，我们无法找到一个条理不分明，做事无效率的主人公。

无论是珍惜时间还是提高效率，都是把日常生活中相对比较短的时间段，如一天、一周、一个月或者几年来作为管理对象，研究如何充分发挥在单位时间里的效率，创造更多的效益。从一个时期来看，因珍惜时间和提高效率所带来的时间增值，能使我们有更多自由时间，享受更加丰富的生活。也正因如此，有人甚至提出了"效率第一"的口号。

如何有效利用时间

管理者要很好地完成工作就必须善于利用自己的工作时间。工作是繁多的，时间却是有限的。时间是最宝贵的财富。没有时间，计划再好，目标再高，能力再强，也是空的。时间是如此宝贵，但它又是最有伸缩性的——它可以一瞬即逝，也可以发挥最大的效力。对于生产和商业活动来说，就是潜在的资本。

因此，如何有效的利用和使用时间，就是摆在我们面前的一个难题。以下是一些常用的工作方法，希望对你有帮助：

1. 每天早晨比规定时间早十五分钟或半个小时开始工作，这样，你非

各种书籍

但立下好榜样，而且有时间在全天工作正式开始前，好好计划一下。

2.开始做一件工作前，应先准备好，把所有需要的资料、报告放在桌上，这样将免得你为寻找遗忘东西浪费时间。

3.利用电话、电报、信件和像口述机一类的装备，以节省时间。

4.购买各种书籍、手册，尽可能吸收及准备知识，这样可增进你处事能力，减少时间浪费。

5.把最困难的事搁在工作效率最高的时候做，例行公事，应在精神较差的时候处理。

6.会议、讨论或重要谈话之后，立即记录下要点，这样，虽时过境迁，但仍会记忆犹新，因为没有比忘记履行诺言更严重的事了。

7.别让闲聊浪费你的时间,对于那些上班时间找你东拉西扯的人知道，你很愿意和他们谈天，但却应在下班以后。

8.充分发挥你手提箱的功用，把文件有条不紊的排好，知道哪些东西在哪个位置上，这样可避免总是去找东西，更不会再有与人洽谈时，翻箱倒柜的事。

9.琐事缠身时，务必

休息品茗

果断地摆脱它们。尽快地把事做完,以便专心一致地处理较特殊或富有创造性的工作。口述时,描述重点,其余就让秘书或助手来替你做,只要使他们知道你期待他们要做什么事就可以了。

10. 该做的事都放在桌上,以免遗漏。

11. 晚上看报。除了业务上的需要外,尽可能在晚上看报,而将一日之计的宝贵光阴,用在读信、看文件或思考业务状况上,这样将可使你每天工作更加顺利。

12. 休息片刻,来杯咖啡、茶、冷饮,甚至只要在窗前伸个懒腰,就能够使你精神抖擞了。

提高自我时间管理的方法

如果你觉得自己的时间不够用,看来时间管理的能力需要加强,所以,要加强自己的时间管理能力。下面这些提高时间管理能力的文章,希望能对你有所帮助。

制一个表格,把本月和下月需要优先做的事情记录下来。很多人都开始制定每一天的工作计划。那么有多少人会把他们本月和下月需要做的事情进行一个更高水平的筹划呢?除非你从事的是一项交易工作,它的时间表上总是近期任务,你经常是在每个月末进行总结,而月初又开始重新安排筹划。对一个月的工作进行列表规划是时间管理中更高水平的方法,再次强调,你所列入这个表格的一定是你必须完成不可的工作。在每个月开始的时候,将上个月没有完成而这个月必须完成的工作添加入表。

每天清晨把一天要做的事都列出清单。如果你不是按照办事顺序去做事情的话,那么你的时间管理也不会是有效率的。在每一天的早上或是前一天晚上,把一天要做的事情列一个清单出来。这个清单包括公务和私事两类内容,把它们记录在纸上、工作簿上、你的 PDA 或是其他什么上面。

记事清单

在一天的工作过程中，要经常地进行查阅。举个例子，在开会前十分钟的时候，看一眼你的事情记录，如果还有一封电子邮件要发的话，你完全可以利用这段空隙把这项任务完成。当你做完记录上面所有事的时候，最好要再检查一遍。如果你和我有同样的感觉，那么，在完成工作后通过检查每一个项目，你体会到一种满足感。

把未来某一时间要完成的工作记录下来。你的记事清单不可能帮助提醒你去完成在未来某一时间要完成的工作。比如，你告诉你的同事，在两个月内你将和他一起去完成某项工作。这时你就需要有一个办法记住这件事，并在未来的某个时间提醒你。我一般是用一个电子日历，因为很多电子日历都有提醒功能。其实为了保险起见，你可以使用多个提醒方法，一旦一个没起作用，另一个还会提醒你。

把接下来要完成的工作也同样记录在你的清单上。在完成了开始计划的工作后，把接下来要做的事情记录在你的每日清单上面。如果你的清单上在内容已经满了，或是某项工作可以转过天来做，那么你可以把它算作明天或后天的工作计划。你是否想知道为什么有些人告诉你他们打算做一些事情但是没有完成的原因吗？这是因为他们没有把这些事情记录下来。如果是一个合格的管理者，不会三番五次地告诉自己的员工公司都需要做哪些事情。如果员工没带纸和笔，就借给他们，让他们把要完成的工作和时间期限记录下来。

保持桌面整洁。一个把自己工作环境弄得乱糟糟人一定不会是一个优秀的时间管理者。同样的道理，一个人的卧室或是办公室一片狼藉，他也

不会是一个优秀的时间管理者。因为一个好的时间管理者是不会花很长时间在一堆乱文件中找出所需的材料的。

保持桌面整齐

记住应赴的约会。使用你的记事清单来帮你记住应赴的约会，这包括与同事和朋友的约会。以正常的经验来看，工作忙碌的人们失约的次数比准时赴约的次数还多。如果你不能清楚地记得每件事都做了没有，那么一定要把它记下来，并借助时间管理方法保证它的按时完成。如果你的确因为有事而不能赴约，可以提前打电话通知你的约会对象。

把做每件事所需要的文件材料放在一个固定的地方随着时间的过去，你可能会完成很多工作任务，这就要注意保持每件事的有序和完整。一般可以把与某一件事有关的所有东西放在一起，这样查找起来非常方便。当彻底完成了一项工作时，可以把这些东西集体转移到另一个地方。

定期备份并清理计算机。对于保存在计算机里的文件的处理方法也和上面所说的差不多。你保存在计算机里的95%的文件打印稿可能还会在你的手里放三个月。定期地备份文件到光盘上，并马上删除机器中不再需要的文件。

清理你用不着的文件材料。有的人会把所有的文件都保留着，这些没完没了的文件材料最后会成为无人问津的废纸，很多文件可能都不会再被人用到。当然，有的时候，也要去查查用过的文件，它们虽然经过了清理，但原稿应该保存在计算机里。

运用零散时间

时间往往不是一小时一小时浪费掉的,而是一分钟一分钟悄悄溜走的。

人类对时间的意识和控制,随着社会的进步而逐渐加强。现代人计量时间的单位由时、刻、分、秒逐步精确到毫秒、微秒、毫微秒、微微秒。

著名的海军上将纳尔逊曾发表过一项令全世界懒汉瞠目结舌的声明:"我的成就归功于一点:我一生中从未浪费过一分钟。"

军事家苏沃格夫也曾说:"一分钟决定战局。我不是用小时来行动,而是用分钟来行动的。"

雷巴柯夫曾说:"用分来计算时间的人,比用时计算时间的人,时间多59倍。"

富兰克林有一句名言:"时间是构成生命的材料。"谁了解生命的重要,谁就能真正懂得时间的价值。我们最宝贵的不过是几十年的生命,而生命是由一分一秒的时间所累积起来的。没有善加利用每一分钟,时间是永远无法返回的。

"事情就怕加起来。"这一古老的谚语也是说的这个道理。一切在事业上有成就的人,在他们的传记里,常常可以读到这样一些句子:

■图与文

苏沃格夫是俄国伟大的军事家、军事理论家、战略家、统帅,俄国军事学术的奠基人之一,任大元帅(1799年),奥军元帅(1799年),雷姆尼克伯爵(1789年),古意大利公爵(1799年)。

时间

"利用每一分钟来读书。"

运动场上,以十分之一秒或百分之一的时间差,决定谁是纪录的创造者。在航海中,使用6分仪的海员,1秒钟的差错,将使他的观测相差0.2海里。人造卫星每秒钟飞行11.2千米,电子计算机每秒钟可以运行百万次、千万次、上亿次、几十亿次。高能物理实验,要求高能探测器在千分之一毫秒内精确地记录下高能带电粒子的径迹。总之,对现代科学来说,"争分夺秒"已经不够了。

富兰克林

对时间计算得越精细,事情就做得越完美,如果在学习上你能以分为单位,对那些看起来微不足道的零碎时间也能充分加以利用,你才能在学习中有所收获。

古往今来,一切有成就的学问家都是善于利用零碎时间的。东汉学者董遇,幼时双亲去世,但他好学不倦,利用一切可以利用的时间。他曾经说:"我是利用'三余'来学习的。""三余",即"冬者岁之余,夜者日之余,阴雨者晴之余。"也就是说在冬闲、晚上、阴雨天不能外出劳作的时候,他都用来学习,这样日积月累,终有所成。

学习要会利用时间

许多同学往往认为那些零散的时间没什么用处,其实这些时间看似很少,但集腋能成裘,几分几秒的时间,看起来微不足道,但汇合在一起就大有可为。我们来看2005

83

年以高分考入北京大学的张丽静同学的经验：

"用零散的时间记忆零散的知识"，这句话不是我说的，是学来的，拿来与大家共享。

零散的知识主要是英语单词和语法，语文的语音、词语、标点、熟语等基础知识。大块的读书时间可以用来读文章，记忆政史地等系统性很强的知识，而把那些零碎的知识写在小纸片上，随身携带，在零散的时间记忆是最好不过的了。

其实，在你的日常生活中，有许多零星、片断的时间，如：车站候车的三五分钟，医院候诊的半个小时等等。如果珍惜这些零碎的时间，把它们合理的安排到自己的学习中，积少成多，就会成为一个惊人的数字。

想办法提高工作效率

大凡能够在事业上做出卓越成绩的人都是时间管理的专家，格里在威格利南方联营公司当了20多年的总经理，该公司是美国最成功的超级市场之一，他获得了许多值得引证的荣誉。第一，他的工作历程记录几乎为所有的总经理所羡慕，这个记录中包括连年不断的销售记录和利润记录。第二，他毫不松懈地连续应用计划、组织、授权、激励、评价和控制等项目基本原则，显示了他专业管理的精神。第三，他献身时间管理原则的事迹已经得到大量文章的赞扬。在格里看来，正确的管理的基础是良好的时间管理。

我们探索克服时间浪费的途径便是"培养克服时间管理误区的技能"。所谓时间管理的误区，是指导致时间浪费的各种因素。以下列出时间管理的五个误区。

误区之一：工作缺乏计划

查尔斯·史瓦在半世纪前担任伯利恒钢铁公司总裁期间，曾经向管理顾问李爱菲提出这样一个不寻常的挑战："请告诉我如何能在办公时间内

做妥更多的事，我将支付给你任意的顾问费。"李爱菲于是递了一张纸给他，并对他说"写下你明天必须做的最重要的各项工作，先从最重要的那一项工作做起，并持续地做下去，直到完成该项工作为止。重新检查你的办事

伯利恒钢铁公司

次序，然后着手进行第二项重要的工作。倘若任何一项着手进行的工作花掉你整天的时间，也不用担心。只要手中的工作是最重要的，则坚持做下去。假如按这种方法你无法完成全部的重要工作，那么即使运用任何其他方法，你也同样无法完成它们，而且倘若不借助某一件事的优先次序，你可能甚至连哪一种工作最为重要都不清楚。将上述的一切变成你每一个工作日里的习惯。当这个建议对你生效时，把它提供给你的部属采用。"数星期后，史瓦寄了一张面额两万伍仟美元的支票给李爱菲，并附言他确实已为他上了十分珍贵的一课。伯利恒公司后来之所以能够跃升为世界最大的独立钢铁制造者，据说可能是由于李爱菲的那数句真言。

尽管计划的拟定能给我们带来诸多的好处，但我们有的同事从来不作或是不重视作计划，原因不外乎如下几条：

1. 因过分强调"知难行易"而认为没有必要在行动之前多作思考。
2. 不做计划也能获得实效。
3. 不了解作计划的好处。
4. 计划与事实之间极难趋于一致，故对计划丧失信心。
5. 不知如何作计划。

我们作为一个高新科技企业的员工，要步上职业化的道路，成为一个强调实效性的职业人士，不应该把以上原因当作工作中的借口，为什么呢？剖析如下：

1. 固然有些事情是易行而难料的，但若过分地强调这一点，则有可能养成一种"做了再说"或"船到桥头自然直"的侥幸心理。试问：房子燃烧的紧要关头，消防队员是应立刻拿起水龙头或灭火筒进行抢救，还是应花费少许时间判别风向、寻找火源、分派工作，然后再进行抢救？

2. 不作计划的人只是消极地应付工作，他将处于受摆布的地位；作计划的则是有意识的支配工作，处于主动的地位、并提高工作效率。

3. 由于目标中拟定假设的客观环境发生变动，计划与事实常常难以趋于一致，所以我们必须定期审查我们的目标与计划，作出必要的修正，寻找最佳途径。但如果是处于无计划的引导，则一切行动将杂乱无章，最终走进死胡同。

综上所述，由于我们的工作缺乏计划，将导致如下恶果：

1. 目标不明确。
2. 没有进行工作归类的习惯。
3. 缺乏做事轻重缓急的顺序。
4. 没有时间分配的原则。

误区之二：组织工作不当

组织工作不当的主要体现在以下几个方面：

1. 职责权限不清，工作内容重复。
2. "事必躬亲，亲力而为"。
3. 沟通不良。
4. 工作时断时续。

首先，学会如何接受请托：对于我们每一个人来说，所面临的请托可能来自部属、上司、其他同级管理者或是组织以外的人士。在很多请托中，有一类是职务所系而责无旁贷的；另一类虽然也是职务所系，但请托本身却是不合时宜或是不合情理的；尚有一类请托则属无义务给予履行的请托，经常引起我们困扰的是后两类请托。

倘若我们为了想做广受爱戴的好人而有求必应，则各色各类的请托将四面八方地源源涌来。一旦他办不妥委托的事项，则不仅他所企求的爱戴将化

为乌有,而且他将丧失请托者尊敬。"明智地接受请托"的重要性在于:第一,"拒绝"是一种"量力"的表现。有的请托若由他人承受可能比你承受更为恰当,你不妨对请托者提出适当的建议。第二,拒绝是保障自己行事优先次序的最有效手段。倘若因勉强接受他人的请托而扰乱自己的步伐,是不合理的、不明智的。

所以在我们接受请托之前不妨先问问自己:这种请托是属于我的职责范围内吗?对实现我的目标有帮助吗?如果接受它,将付出什么代价?如果不接受它,则需承担什么后果?经过这一番"成本——效益分析"之后,你就可以决定取舍了。

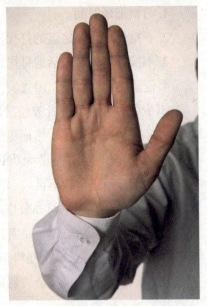

拒 绝

其次,学会利用资源。对于基层人员而言,要善于利用资源,学会从相关的部门或人员手中获取所需的资料,既节约了时间,又保证了信息的正确性。比如你想了解本月度部门考勤信息,不妨去问问部门秘书;想了解公司的考勤信息,不妨去问问公司的考勤管理员等等。

对于管理者而言,他们经常容易犯下面的错误:

1. 担心部属做错事;
2. 担心下属表现太好;
3. 担心丧失对下属的控制;
4. 不愿意放弃得心应手的工作;
5. 找不到合适的下属授权。

其实每个人的精力都是有限的,尤其是管理者应当学会授权,将主要的精力和时间放在更重要的事情上。

误区三:时间控制不够

我们在时间控制方面通常容易陷入下面的陷阱:

1. 习惯拖延时间。
2. 不擅处理不速之客的打扰。
3. 不擅处理无端电话的打扰。
4. 泛滥的"会议病"困扰。

不少中、上层管理者曾经指出，会议竟占去他们日常工作的时间的四分之一，甚至三分之一！然而更令他们感慨莫名的是，在这么多的会议时间之中，几乎有一半是徒劳无功的浪费！

误区四：整理整顿不足

办公桌的杂乱无章与办公桌的大小无关，因为杂乱是人为的。"杂乱的办公桌显示杂乱的心思"是有道理的。让一个不具条理的人使用一个小型的办公桌，这个办公桌会变得杂乱无章，即使给他换一个大型的办公桌，不出几日，这个办公桌又会遭遇同样的命运。套用"帕金森定律"："工作将被扩展，以便填满可供完成工作的时间"，我们也可以导出"文件堆积定律"："文件的堆积将被扩展，以便填满可供堆积的空间。"

当你的上司向你索取一份技术资料，你是否能在第一时间从容不迫地递给他？当你需要一份信息时，是否满文件夹地翻个底朝天？

误区五：进取意识不强

我们经常说："人最大的敌人就是自己"。有些人之所以能够让时间白白流逝而毫无悔痛之意，缺乏进取意识，缺乏对工作和生活的责任感和认真态度。主要表现在以下几个方面：

1. 个人的消极态度。
2. 做事拖拉，找借口不干工作。

整齐的办公环境

3. 唏嘘不已,做白日梦。

4. 工作中闲聊。

如果我们一直处于迟钝的时间感觉中,换句话说,当你觉得时间可有可无,不愿面对工作中的具体事务,沉溺于"天上随时掉下大馅饼"的美梦,那就需要好好反省自己

工作中闲聊

了,因为你随时在丧失宝贵的机会,随时可能被社会所淘汰!

好了,前面谈到了五个时间管理的误区,不管以前我们做得怎样,要记住:世界上所有的成就都是"现在"所塑造的。因此,我们要记住"过去",把握"现在",放眼"未来"。送给大家一句话:

昨天是一张已被注销的支票,

明天是一张尚未到期的本票,

今天则是随时可运用的现金。请善用它!

时刻要有时间观念

时间是一种珍贵且特殊的资源,是一切活动得以进行的前提条件。人人都是时间的消费者,无论你用还是不用,时间都照样流逝,一个人的人生价值也是在时间之流中得以实现并将在时间之流中得以流传。时间管理对每个人的人生价值的实现有重要影响,充分认识时间本质及其特征,形成视时间为珍贵资源的观念,是增强时间管理效能的基础。

人的时间观念来自何处?简单地回答,来自人类观察感知到的自然时

要有时间观念

间和物理时间。严格地讲，人类的时间观念主要来源于观察到的自然运动和人文运动有序运动的节律性或律动性。可观察感知的事象世界的有序性及其周而复始、循环渐进的节律或律动，是人类形成时间观念的真正源泉。

不同的时间观念有着不同的管理内容和不同的管理效能，回顾人类对时间探索的历史，受特定的历史条件和客观环境的影响，人类在不同的历史阶段有着不同的时间观念和相应的时间管理。

既然时间如此宝贵，那么就需要优化时间管理，措施如下：

1. 强化时间观念。良好的时间意识是强化时间观念的基础，个体必须意识到时间的短暂及不可重复，珍惜正在流逝的时间，树立"一寸光阴一寸金"的时间观念。另外良好时间观念的培养，与榜样引路、环境熏陶、活动深化等密不可分，即通过借鉴成功人士的时间管理方法、营造良好的时间管理氛围、体验有效的时间利用等方式来强化时间观念，提高时间的使用效率。

2. 职业生涯设计。时间观与人生相关联，一个人的人生观决定他的时间观。个人将一生的时间当作一个整体运用时，首先要考虑用在什么地方。就是说首先要选好目标。一个人只要有了崇高的生活目标，明确在什么地方有权使用自己一生的时间，在什么地方无权滥用，才能正确对待时间，把握时间，利用时间，成为运筹时间的人才。

3. 加强时间使用的计划性。个人面临很多的工作时，要预先考虑好各项工作的日程和程序，以便使有限的时间得到充分的利用。一般的做法是

将各项工作分为 A、B、C 三类，其中 A 最重要，B 类次之，C 类可以稍缓。如何区分工作的主次、轻重、缓急呢？这即不能以催办者呼声的高低为准，也不应以事情发生的先后为序，而要看该项工作在学校全局工作中所占比重的大小，看该项工作时间紧迫性的强弱，还要看该项工作在总体工作中所处地位的高低。对所有工作进行综合性的权衡考虑，就可以把劲使在刀刃上，把工作放在点子上，从而提高工作效率。

4. 规范例常工作。所谓例常工作就是指那些经常出现的性质几乎相同的工作。规范例常性工

重视时间

作一般可用以下方法。一是对于不甚重要的一般性工作，可采用"案例法"，即只要遇到类似的一般性问题，按常规进行处理，有的甚至还可"如法炮制"。二是对那些以一定周期重复出现的固定工作，可采用"制度化"，即先定出标准，落实职责，并用制度固定下来，以后遇到此类问题就"按章办事"。采用以上方法处理例常工作，就能增强工作的主动性和时效性，个人能在有限的时间办完办好更多的事情。

5. 提高个人时间利用率。时间对待每一个人都是公平的，要想保质保量地完成工作任务，就必须守时惜时，在它流逝的进程中把握每一瞬间，发挥其最大效能。另外，在提高个人时间利用率时，注意个人"生物钟"运动的规律也是至关重要的。由于生物钟的影响，一个人在一天中不同时段的工作效率是不尽相同的，这就自然产生"高效时间"与"低效时间"，比如，有的人上午精力旺盛，工作效率高；有的人下午思维敏捷，工作最

顺手；有的人则晚上精力最集中，工作最能出成果。因此，我们应根据个人习惯和生活节律，把最难办的事放在自己精力旺盛、工作效率最高的时间去做，而把一般性的事务工作，放在精力一般的时间去做，做到有张有弛，劳逸结合，使自己有充沛的精力去从事工作，这样既赢得了时间，也赢得了工作的主动权、高效率。

掌握"时间管理"的四大法宝

"成功地界定问题就已经解决了问题的一半"，但如果没有切实可行的解决方案，困境还是不会改变。有效的时间管理不能缺乏以下四大法宝。

法宝一：以 SMART 为导向的时间管理目标原则

有效的时间管理培训指出，目标原则不单单是有目标，而且是要让目标达到 SMART 标准，这里 SMART 标准是指：

具体性（Specific）。这是指目标必须是清晰的，可产生行为导向的。比如，目标"我要成为一个优秀的员工"不是一个具体的目标，但目标"我要获得今年的公司最佳员工奖"就算得上是一个具体的目标了。

可衡量性（Measurable）。是指目标必须用指标量化表达。比如上面这个"我要获得今年的公司最佳员工奖"目标，它就对应着许多量化的指标——出勤、业务量等。

可行性（Attainable）。

要立志成为优秀员工

这里可行性有两层意思：一是目标应该在有能力范围内；二是目标应该有一定难度。一般人在这点上往往只注意前者，其实后者也相当重要。如果目标经常达不到，的确会让人沮丧，但同时也应注意：太容易达到的目标会让人失去激情。

相关性（Relevant）。这里的"相关性"是指与现实生活相关，而不是简单的"白日梦"。

及时性（Time—based）。及时性比较容易理解，是指目标必须确定完成的日期。在这一点上，有效的时间管理培训指出，不但要确定最终目标的完成时间，还要设立多个小时间段上的"时间里程碑"，以便进行工作进度的监控。

法宝二：关注第二象限的时间管理原则

根据重要性和紧迫性，我们可以将所有的事件分成四类（即建立一个二维四象限的指标体系），见表：

类别	特征	相关事宜
第一象限	"重要紧迫"的事件	处理危机、完成有期限压力的工作等。
第二象限	"重要但不紧迫"的事件	防患于未然的改善、建立人际关系网络、发展新机会、长期工作规划
第三象限	"不重要但紧迫"的事件	不速之客、某些电话、会议、信件。
第四象限	"不重要且不紧迫"的事件或者是"浪费时间"的事件	阅读令人上瘾的无聊小说、收看毫无价值的电视节目等。

第三象限的收缩和第四象限的舍弃是众所周知的时间管理方式，但在第一象限与第二象限的处理上，人们却往往不那么明智——很多人更关注于第一象限的事件，这将会使人长期处于高压力的工作状态下，经常忙于收拾残局和处理危机，这很容易使人精疲力竭，长此以往，既不利于个人也不利于工作。

新员工入职

新员工来公司的初期，比较关注于第一象限的事件。天天加班，而且工作质量也不尽如人意，感觉很糟糕。经过培训后，转换了关注的方向，发现整个感觉都改变了。这主要是因为第一象限与第二象限的事本来就是互通的，第二象限的扩大会使第一象限的事件减少。而且处理时由于时间比较充足，效果都会比较好。因此，增强了新员工的自信。

法宝三：赶跑时间第一大盗的时间韵律原则

日本专业的统计数据指出："人们一般每8分钟会收到1次打扰，每小时大约7次，或者说每天50—60次。平均每次打扰大约是5分钟，总共每天大约4小时，也就是约50%的工作时间（按每日工作8小时计），其中80%（约3小时）的打扰是没有意义或者极少有价值的。同时人被打扰后重拾起原来的思路平均需要3分钟，总共每天大约就是2.5小时。

根据以上的统计数据，可以发现，每天因打扰而产生的时间损失约为5.5小时，按8小时工作制算，这占了工作时间的68.7%。"

要想进行有效的时间管理，第一个应该认识到的，便是："打扰是第一时间大盗"。为了解决这个问题，时间管理培训者提出了一个时间管理法则——韵律原则，它包括两个方面的内容：一是保持自己的韵律，具体的方法包括：对于无意义的打扰电话要学会礼貌的挂断，要多用干扰性不强的沟通方式（如：Email），要适当的与上司沟通减少来自上司的打扰等；二是要与别人的韵律相协调，具体的方法包括：不要唐突地拜访对方，了解对方的行为习惯等。

法宝四：执着于流程优化的精简原则

时 间

著名的时间管理理论——崔西定律，指出："任何工作的困难度与其执行步骤的数目平方成正比：例如完成一件工作有3个执行步骤，则此工作的困难度是9，而完成另一工作有5个步骤，由此工作的困难度是25，所以必须要简化工作流程。"

请勿打扰

无论对于哪个部门的工作流量，优秀的员工们都能做到"能省就省"，并编制"分析工作流程的网络图"，每一次去掉一个多余的环节，就少了一个工作延误的可能，这意味着大量时间被节省了。

综上所述，通过研究和剖析这些有效的时间管理方法，我们不难看出：时间管理是企业提高员工整体素质的最有效法宝。

生活中这样管理时间

一个人的成就取决于他的行动，一个人的成就跟他时间管理的能力成正比。很多人时间管理做不好，因为他不够忙。时间管理好的人，第一个现象就是忙，整个人开始忙碌起来，不是瞎忙，而是很有效率的忙。

时间管理的目的是为了要达成你的目标，所以假设一开始目标没有设定好，计划没有拟定详细，事实上时间管理的效率已经不理想了。成功就是每天进步1%。当你每天学习一点，行动一些，把计划作得越来越详细，不断地作检讨，你就会每天进步一点，慢慢步入成功。时间就是生命，掌

管理时间

握时间就是掌握生命！一个人的成就决定于他 24 小时做了哪些事情。时间管理的重点在于如何分配时间，在每一分每一秒都最有生产力的事情，在更短的时间达成更多的目标。书中同样用大量实践的心得分享了最棒的时间管理的十个关键。现在，我们来学习做好时间管理的十个关键：

第一关键：要有明确的目标。如果你没有明确的目标，那时间是无法管理的。时间管理的目的，是让你在更短的时间达成更多你想要达成的目标。我们都知道成功等于目标，所以你愈能够把目标明确的设立好，依照我之前所分享的方法，你的时间管理就会愈好。

第二关键：你必须要有一张"个人清单"，也就是你必须要把今年所要做的每一件事情都列出来。现在就把你要完成的每一件目标列出来，不光是主要的目标，还有一些小的目标要达成，也要把它列出来。

当你有了"个人清单"之后，下一个你要做的是把目标切割。譬如为了达成今年的每一个目标，我上半年必须完成哪些事情？下一步就是把它切割成季目标。我这一季需要做哪些事情，全部列出来，如此再推出每一个月需要做哪些事情。

假设你没有办法有一个全年的"个人清单"，你至少从现在开始必须要有每个月的"月清单"。当然我们都知道一日之计不是在于晨，而是在于昨夜，所以在前一天晚上要把第二天要做的事情列出来。

记住，你永远没有时间做每一件事情，但你永远有时间做对你最重要的事情。当你列出来之后，把优先顺序排好，并且设定完成期限，这时你

就已经迈向成功之路了。

第三关键：也就是大家所熟悉的二十，八十定律，或八十，二十定律。你要把时间管理好，一定要知道哪些事情对你是最重要的，它赋予你最高的生产力。假如这些事情你不是很清楚，不是很了解，那你的时间管理永远不会很好。所以每一天必须花最多时间做那一件事情。我个人一定会列出第二天要做的每一件事情，同时我会把这些事情分成小小的时段，这样我就可以百分之百地掌握我的时间了。

掌控时间

还有一点，就是运用视觉的力量。导致时间管理不好的原因通常就是拖延。当"马上行动"摆在你前面，你很明确地看着它，它就会刺激你的潜意识，进入你的脑海里，迫使你马上行动。所以你应该在你的书桌前面贴一个"马上行动"四个大字。时间管理要做好，你就必须有一个明确而且详细的计划。计划愈详细愈容易管理，你也愈容易成功。

第四关键：每天至少要有半小时到1小时的"不被干扰的时间"。假如你能有1小时完全不受任何人干扰，自己关在自己的房间里面，开始思考一些事情，或是做一些你认为最重要的事情，这1个小时可以抵过你1天的工作效率，甚至有时候这1小时比你3天工作的效率还要好。所以记住，不被干扰的时间至少要30分钟，最好的时间差不多是60分钟，也就是1个小时。一般来讲，需要花20分钟才能让自己的头脑冷静下来，心定下来。假设只有30分钟，效率并不会太好。所以给自己1个小时的不被干扰的时间是非常有效的方法。设定不被打扰的时间在早上，最好是起床的时候，5点到6点，这个时候，你一个人思考，尤其是你的头脑非常清楚，你会发挥非常非常大的力量。假如你这个时段没有办法做到，还有一个时间你可以试试，就是在中午吃饭的时间。或是在下午3点到4点的时候。我自己设立的时间则是在晚上回家之后。

第五关键：你的目标和你的价值观要吻合，不可以相互矛盾。你一定要确立你个人的价值观，假如价值观不明确，你就很难知道什么对你最重要。当价值观不明确的时候，你时间的分配一定不好。所以你一定要找一个时间把自己的价值观确定一下，什么对你才是最重要的？是健康，是事业，是家庭，是朋友，把它分配好。记住，"时间管理"的重点不在于管理时间，而在于如何分配时间。

第六关键：每天静坐一小时。你可以找一张椅子，就坐在那里，记住，一定要完全不受干扰，没有任何的音乐，没有任何的杂音，就一个人坐在椅子上。当然一开始的时候，你一定很想要动，那时候你就要鞭策自己不准动，直到满一小时。

假设你每天能够静坐一小时，你工作的效率一定会提升。

第七关键：所有的事情开始就把它做对。开始就把它做到完美，就把它做到最好，这样你就不需要重复去做同一件事情。

第八关键：你必须控制你的电话时间。善于管理时间的人通常是由他的秘书帮他查询到底是谁打电话来，或是请他留言。留言时必须记住什么时间回电是最好的时机，不然你打电话过去，他又不在，徒劳无功。

一般来讲，

■图与文

静坐是一门祛病保健、调养身心的修养方法，也是改变气质、培育品德的重要功夫，所以我国古代的儒家和道家，也都叫人静坐，来居敬养气，致虚养生。

把电话积累到某一个时间,一次把它全部打完。

第九关键:同一类的事情最好一次把它做完。当你重复去做同一件事情,你会熟能生巧,因此你的效率一定会增加。

第十关键:做"时间日志"。你花了多少时间在做那些事情,把它详细的记录下来,每天做了什么,一一记录下来。你会发现,哎呀!浪费那么多时间。当你找到浪费时间的根源,你才有办法改变。

第五章
时间旅行

假如有一天,你登上时间机器,可以任意穿梭时空,到自己想去的任何地方,你会不会感到惊讶?不用惊讶,这是极有可能实现的事情。也许在不久的将来,你只要一抬脚,就可以到宇宙的任一角落。

时间旅行最早是在科幻作品中出现的,时间旅行的概念一提出,就引起了极大的轰动。人们争相了解这个新奇的事物,讲述时间旅行的科幻作品也大卖。直至现在,时间旅行题材的影视作品,也有一定的市场地位。

现如今,有的科学家也提出许多关于时间旅行的想法,让时间旅行这一科幻题材中的新事物走到现实中来。

什么是时间旅行

根据爱因斯坦的相对论，在某些状况下，比方说在不同的速度、重力下，两个物体之间时间流动的速度会不同。这在某种意义上，可以称得上是"天上方一日，人间已千年"的时间旅行。但是这类的方式，只能让你前往未来，而不能让你回到过去。这种单方向的时间旅行与传统上在科幻中的典型"时间旅行"并不相同。科幻中的时间旅行往往会有较多的自由度（当然为了戏剧性，也会有所限制）。

根据狭义相对论，时间是可以伸展和收缩的，视观察者移动多快而决定。举例，假设 A 在纽约登机飞到里约热内卢，然后马上再飞回纽约，而 B 则一直在纽约肯尼迪机场里。这趟旅程所费的时间对于 A 和 B 并不相同，对 A 而言，实际上所花的时间会更少。在 1971 年时，物理学家乔·哈菲尔（Joe Hafele）和理查·基廷（Richard Keating）作出证明。他们将高度精确的原子钟放在飞机上绕着世界飞行，然后将读到的时间与留在地面上完全一模一样的时钟作比较。结果证实：在飞机上的时钟走得比实验室里的慢。物理学家将因运动而造成的时间减缓称为时间膨胀效应：当运动速度越快，时间变得越慢（这是指静止的观察者所看到的，在高速运动的人自己看来，没

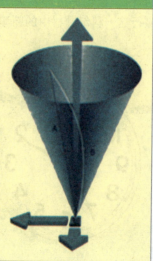

■图与文

双生子佯谬是一个有关狭义相对论的思想实验。内容是这样的：有一对双生兄弟，其中一个跨上一宇宙飞船作长程太空旅行，而另一个则留在地球。结果当旅行者回到地球后，我们发现他比他留在地球的兄弟更年青。

时间

有什么不同，见相对性原理）。

以上对于运动跟时间的效应的说明，跟时间旅行有什么关系呢？以下引用双生子佯谬来作进一步的解释：莎莉和山姆是一对孪生子，他们决定测试爱因斯坦的理论，所以莎莉在 2001 年登上火箭，以 99% 光速飞向 10 光年之外的恒星，山姆则待在家里。当莎莉抵达目的地时，立即掉头，并以相同的速度返回地球。以山姆来看，这趟旅程的时间长短大约为地球上 20 年，但是莎莉所经历的时间却不同。对她来说，这趟旅程还不到 3 年，所以当她回到地球时，她发现时间已变为 2021 年，而山姆比她老了 17 岁，或者说莎莉已经被送到山姆 17 年后的未来。（目前地球上最快的太空船只能到达 0.01% 光速。）

速度只是扭曲时间的一种方法，重力则是另一种方法。爱因斯坦于 1915 年提出广义相对论，将重力场对时间与空间的影响包括在理论中。如将数字代入爱因斯坦的理论中，会发现地球本身的重力造成时钟每 300 年慢 1 微秒。1976 年，罗伯特·维索特（Robert Vessot）和马丁·列文（Martin Levine）从西维吉尼亚州将一枚载有氢迈射时钟的火箭发射到太空，然后在地面上仔细监控。几个小时后，火箭坠落进大西洋，而上面的时钟比地球的时钟多出了约 0.1 微秒。如果可以神奇地将地球挤压到一半的大小（保留所有质量），地球表面的重力将变成 2 倍大，时间的扭曲也会变成 2 倍大。如继续挤压下去，当地球的半径变成 0.9 厘米时，时间将会"保持静止"，没有东西可以逃脱。

在质量不变时，压缩其体积，会导致星体的表面的引力场强度增加。宇宙中会发生这种压缩，例如"中子星"。天文学家已确认在典型中子星表面

时间旅行

上的时钟，会走得比地球表面上的慢30%。若能够从中子星表面望回地球，将会看到地球上的事情加快速度，就像是快速放映录像带节目一样，不过在中子星附近的事情，看起来还是很正常。

时间旅行的实质——穿越四维空间

正宗的维数研究方法通常离不开人存在原理。譬如讲，如果空间是两维的，则两维动物则不能正常消化。如果空间是四维以上，则世界就会精彩得多。如果我们是四维空间的动物，则彭加莱关于三维球的猜想则不应该是世纪难题。可惜多于三维的空间使万有引力和静电力随距离的变化比三维中更剧烈，使得小至原子核的电子，大至太阳系中的行星轨道不再稳定，很快就会以旋涡的方式向远处飞离或者撞到中心上。

许多人不能接受人存在原理，认为他和科学传统相违背。科学的方法是从第一原理出发，把万物甚至观察者全推出来。人存在原理却是从观察者存在的条件把宇宙推出来，他们正好处于相反的两极。

万有引力定律

霍金认为宇宙是没有边界的。用卡鲁查·克莱因模型论述，时空本是高维的，而我们之所以感到它是四维的，那是因为额外维都被卷去到我们无法观察到的小尺寸去，比如普朗克尺度。正如一根头发的表面虽然是二维的，但是粗看之下，只剩下头发长度那一维一样。人们

称感觉到的空间为外空间，觉察不到的为内空间。时间是外空间中的一维。

在用量子宇宙学研究时空维数的济起源时，必须避免人为的调节卡鲁查·克莱因的总维数，以得到需要的外空间维数。因为人为的调节会陷入逻辑循环，这种做法是你想得到多少维的空间都能如愿。因此，可用的卡鲁查·克莱因模型，其总维数必须是由第一原理推出的。十一维的超引力模型便由第一原理推出的。自然界也许存在一种所谓的超对称。

1980年弗隆德和鲁宾发现了一个十一维超引力的非常美丽的宇宙模型，其内空间是七维球，外空间是四维球。但在经典的框架中，人们无法证明不存在具有其他维数的外时空的解。

在量子宇宙学中，瞬子是宇宙创世的籽。瞬子是爱因斯坦方程和其他场方程的解，其中时间和空间坐标不能区分。十一维超引力的创生宇宙的瞬子必须是四维球和七维球空间两个因子空间的乘积。时间若包围在四维中，四维时空随后便展开演化成我们生活中的并感觉到四维的宏观宇宙，否则外时空便是七维的。

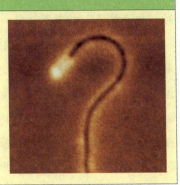

■图与文

电荷，带正负电的基本粒子，称为电荷，带正电的粒子叫正电荷（表示符号为"+"），带负电的粒子叫负电荷（表示符号为"-"）。

在带电荷的黑洞创生场景中，宇宙波函数要使用正确的表象，才能算出创生的概率。因为规则瞬子是非常稀罕的，所以研究一般黑洞的创生，必须引进约束引力的概念。找到正确表象不仅对于带电荷而且对于旋转黑洞的波函数至关重要。

从同一瞬子出发，在选择正确的表象后，时间在四维球中的创生概率远远大于时间在七维流形中的概率。因此，在量子宇宙学中证明了外时空必须是四维的。

科学第一视野 | KEXUE DIYI SHIYE

物理世界的四维空间 〉〉〉

在数学上有各种多维空间,但目前为止,我们认识的物理世界只是四维,即三维空间加一维时间。现代微观物理学提到的高维空间是另一层意思,只有数学意义。

四维时空是构成真实世界的最低维度,我们的世界恰好是四维,至于高维真实空间,至少现在我们还无法感知。例如,一把尺子在三维空间里(不含时间)转动,其长度不变,但旋转它时,它的各坐标值均发生了变化,且坐标之间是有联系的。四维时空的意义就是时间是第四维坐标,它与空间坐标是有联系的,也就是说时空是统一的,不可分割的整体,它们是一种"此消彼长"的关系。

四维时空不仅限于此,由质能关系知,质量和能量实际是一回事,质量(或能量)并不是独立的,而是与运动状态相关的,比如速度越大,质量越大。在四维时空里,质量(或能量)实际是四维动量的第四维分量,动量是描述物质运动的量,因此质量与运动状态有关就是理所当然的了。在四维时空里,动量和能量实现了统一,称为能量动量四矢。另外在四维时空里还定义了四维速度,四维加速度,四维力,电磁场方程组的四维形式等。值得一提的是,电磁场方程组的四维形式更加完美,完全统一了电和磁,电场和磁场用一个统一的电磁场张量来描述。四维时空的物理定律比三维定律要完美的多,这说明我们的世界的确是四维的。可以说至少它比牛顿力学要完美的多。至少由它的完美性,我们不能对它妄加怀疑。

■ 图与文

狭义相对论是由爱因斯坦在洛仑兹和庞加莱等人的工作基础上创立的时空理论,是对牛顿时空观的拓展和修正。

在狭义相对论中,

时间与空间构成了一个不可分割的整体——四维时空，能量与动量也构成了一个不可分割的整体——四维动量。这说明自然界一些看似毫不相干的量之间可能存在深刻的联系。在今后论及广义相对论时我们还会看到，时空与能量动量四矢之间也存在着深刻的联系。

穿越高维空间可行性

首先假设一张没有厚度的纸（只拥有"长"、"宽"），代表一个二维的空间，也就是平面；用笔在上面画上一个圈和一个点，并假设圈和点可以在平面（纸）上移动（前后左右）。当然，点不可以穿透圈，此时圈对点拥有物理上的约束力。

然而，若将数张乃至数十张纸叠在一起时，原本的纸与后来的纸便组成了一个三维空间（同时拥有"长"、"宽"、"高"）；这样一来，原本处于二维的圈和点就具有了三维空间中的移动能力，即：前后左右上下。显然，圈对点的约束也就失去了。

从这个比喻中可以看出，二维前往三维的旅途中，一些物体之间的某些相互作用或许会消失；而类推至人类身上，这将是灾难性的后果。试想如果血管失去了对红细胞的约束，人类在前往四维空间的旅途中瞬间便会死于失血过多（当然，氧气也可以随意进出人体，或许并不需要血液——虽然有没有氧气还难说），因此从理论上来讲，前往四维乃至更高维的旅行是行不通的。

时间旅行的管道——虫洞

虫洞的概念最早出现还要追溯到爱因斯坦提出的广义相对论，在这一理论中，爱因斯坦指出引力是一种假象，它的本质是由于能量引起的时空弯曲，最常见的这一现象就是由大质量的恒星和星系导致的。就在1916年爱因斯坦发表他的论文后不久，奥地利物理学家德维希弗·弗拉姆便发现这一理论将可以导出某种穿越时空的"通道"。

人们对于虫洞的深层次理论的最初探索出现在1921年。当时物理学家西奥多·卡鲁扎和奥斯卡·克莱受到爱因斯坦理论的启发，爱因斯坦指出引力是一种错觉，它实际上只是四维时空的弯曲，他巧妙地将传统的三维空间和时间结合在了一起。他们两人进一步发展了这一理论，并证明引力和电磁力实际上都可以用一个五维空间的弯曲来进行解释。在那之后，弦理论更是指出，自然界中的所有4种基本力都可以用10纬空间的弯曲来进行解释。

很不幸，当维度超过四维时，这一强大的理论将禁止虫洞的存在，除非有强大的负能量可以维持它的开放状态。2002年，俄罗斯莫斯科引力和基础测量中心的克里尔·布罗尼科夫和韩国首尔梨花女子大学的金宋万（音译）共同提出了一种新的可能性，他们提出了一种不需要负能量物质维持开放的虫洞方案。他们基于膜理论原理提出了一系列新的虫洞备选方案。膜理论认为我们所处的世界是一座四维孤岛，它漂浮在更高的维度之海中。布罗尼科夫说："我们不需要任何幽灵般的物质就可以让虫洞保持任意大小。"

然而像弦理论这类涉及高维的理论都极端复杂。同样来自德国奥登堡大学的克莱豪斯的同事约塔·昆兹和希腊约阿尼纳大学的帕那吉塔·坎提最近正在从事对爱因斯坦理论的拓展工作，试图使其更加便于处理。这一理论体系最简略的形式名为DEGB理论。

如果更高的维度处于卷缩状态，它们可以变得非常微小，这也就解释了为何我们通常无法直接感受到它们存在的原因。而让弦理论中涉及的另外6个维度卷缩的过程又会形成几个新的力场。和广义相对论将引力概括为时空的弯曲类似，DEGB理论中的引力同样有赖于时空和更高维度上的弯曲。

将这种理论应用于引力方程之后，克莱豪斯和他的同事们找到了有关

虫洞的一个解。它不需要任何负能量来维持自身的开放，或者更加准确地说，是根本不需要任何物质来维持自身的开放。

其他研究人员对这一结果表示审慎的欢迎。如法国亚原子物理和宇宙学研究所的奥列的林·巴罗表示："我认为这项进展

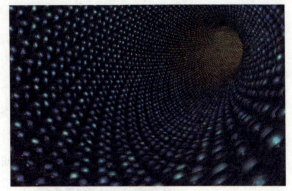

虫洞模拟图

是重要的，它让虫洞旅行变得更加可能。然而尽管这项方案将不要用到任何形式的物质，但是这项研究听上去仍然让人感到难以置信。"

综合以上各位学者所做的工作，看起来虫洞似乎真的有望成为后爱因斯坦时代天体物理学研究目标清单上的一员。令人兴奋的是，克莱豪斯小组提出的虫洞模型是连接起两个不同宇宙中不同区域的通道。爱因斯坦时代看上去似乎完全不切实际的理论在今天正渐渐接近现实。弦理论的提出让很多研究人员认为我们所在的三维空间实际上是三层漂浮在更高维度海洋中的膜。但在这一切之外，或许还存在着4膜、5膜甚至更高的世界。突然之间，连接起不同宇宙间的虫洞似乎变得有趣起来了。

这样的虫洞真的会存在于宇宙中吗？很有可能。惠勒指出，量子涨落效应将会让原本呈波浪状起伏的时空网格变成一团剧烈纠缠的复杂形状体，即所谓的"量子泡沫"。根据这幅图景，极微小的，具有不同拓扑结构的虫洞可以在一瞬间出现或消失。

除此之外还有一种自然的过程可以放大这些虫洞，让它们可以满足时空穿梭的需要。有一种效应我们称之为"暴涨"，这种效应在宇宙诞生极早期曾经发挥极重要作用，新生的宇宙在一瞬间以不可思议的速度剧烈膨胀。克莱豪斯说："与此同时，其中包含的虫洞结构也将随着这种剧烈的膨胀而急剧变大。"

科学第一视野 | KEXUE DIYI SHIYE

图与文

约翰·惠勒，美国物理开拓时期的科学家，普林斯顿大学教授，从事原子核结构、粒子理论、广义相对论及宇宙学等研究。

研究小组仔细考察了他们提出的这一虫洞膨胀方案。为了通过这样一个虫洞，物体本身各处所受的引力差异不能过大，以便保持物体本身的完整性，这就决定了能通过这种虫洞的物体必须非常微小。克莱豪斯说，好消息是光子和亚原子粒子都能够轻易通过这一通道。而要想让人体这样大型的物体不受伤害地穿过这一通道，虫洞的入口曲率必须非常平缓，而这就意味着这一虫洞的入口直径将达到数十到上百光年。

如果你觉得这样做几乎是不可能实现的，那么从另一个相反的角度考虑一下吧。根据克莱豪斯的说法，这种虫洞的规模意味着我们有了极好的机会可以在宇宙中找到它们。当使用望远镜扫描天空时，一旦望远镜的视线接触到一个虫洞，我们视野中的景象将会发生突然的变化。正如克莱豪斯所说："虫洞的入口毕竟是通往另一个宇宙的窗子。"

但总体而言即便是规模巨大的虫洞，要想锁定其位置也相当困难。当它们隐藏于尘埃，气体和繁星之中，它们看起来将和黑洞非常相似。甚至连人马 A，即我们银河系中心位置的超大质量黑洞可能都是一个虫洞。克莱豪斯说，唯一能确认的方法就是研究落入其中的物质的行为特征。

观测显示当物质高速旋转落向黑洞时，其周遭形成的吸积盘温度将达到极高的水平，甚至引发强烈的 X 射线辐射。科学家们认为在虫洞入口附近将会发生同样的事情。目前没有任何人能够制造出一台分辨率足以看清黑洞中央位置情形的望远镜，不过天文学家们确实正在努力尝试制造一台可以观测到人马 A 附近情形的望远镜设备。假如人马 A 真的是一个黑洞，我们就应当会看到当物质穿过黑洞视界的一刹那，其发出的 X 射线辐射将会戛然而止并且永不出现。而在另一方面，假如这里其实是一个虫洞的入

时间

口,那么我们将仍然能够看到 X 射线发出,因为虫洞本身并无事件边界存在。

克莱豪斯和他的同事们同时也希望其他天文学家能够帮助他们,提出其他有可能有助于区分虫洞和黑洞的观测性质差异。有一种说法是认为,当一个虫洞运行至一颗遥远恒星与地球之间的位置时,其质量将导致遥远背景恒星的光线发生弯曲,产生所谓"引力透镜"的效应,这种由虫洞产生的引力透镜效应应当是独特的。

尽管现在我们拥有的 DEGB 理论只是提出了一种能够连通不

X 射线的发现者——伦琴

同宇宙之间的虫洞模型,但是很有可能还存在其他类型的虫洞可以连接起我们这个宇宙中的不同部分。克莱豪斯和他的同事们正打算就这一问题展开研究。这样一种虫洞如果真的存在,将有望打开星际地铁旅行系统的新视野。

但是在你开始攒钱准备买票上车之前,请记住,我们的银河系里或许并没有设立这一宇宙地铁系统的车站。这是因为在我们的星系中有上千亿颗恒星彼此非常紧密地挤在一起。这样的密度当然并不会影响开口直径数十光年虫洞的存在,但是想妥善地设置一个"车站"并不让附近的星系落入其中,其难度将大大增加,因此虫洞的使用者们或许会刻意避开我们的星系。

但是在星系之间的广袤空间,这样的问题当然就不复存在了。或许就在此时此刻,正有一条巨大的星系地铁系统连接着银河系附近的某一空旷区域和仙女座星系，麦哲伦星系甚至遥远的涡状星系。坐上这样的地铁一定比城市里的地铁要酷得多了。

时间旅行的"交通工具"——黑洞

黑洞这一术语是不久以前才出现的。它是1969年美国科学家约翰·惠勒为形象描述至少可回溯到200年前的这个思想时所杜撰的名字。那时候，共有两种光理论：一种是牛顿赞成的光的微粒说；另一种是光的波动说。我们现在知道，实际上这两者都是正确的。由于量子力学的波粒二象性，光既可认为是波，也可认为是粒子。在光的波动说中，不清楚光对引力如何响应。但是如果光是由粒子组成的，人们可以预料，它们正如同炮弹、火箭和行星那样受引力的影响。起先人们以为，光粒子无限快地运动，所以引力不可能使之慢下来，但是罗麦关于光速度有限的发现表明引力对之可有重要效应。

1783年，剑桥的学监约翰·米歇尔在这个假定的基础上，在《伦敦皇家学会哲学学报》上发表了一篇文章。他指出，一个质量足够大并足够紧致的恒星会有如此强大的引力场，以致于连光线都不能逃逸——任何从恒星表面发出的光，还没到达远处即会被恒星的引力吸引回来。米歇尔暗示，可能存在大量这样的恒星，虽然会由于从它们那里发出

黑　洞

时间

的光不会到达我们这儿而使我们不能看到它们,但我们仍然可以感到它们的引力的吸引作用。这正是我们现在称为黑洞的物体。

黑洞是一种引力极强的天体,就连光也不能逃脱。当恒星的史瓦西半径小到一定程度时,就连垂直表面发射的光都无法逃逸了。这时恒星就变成了黑洞。说它"黑",是指它就像宇宙中的无底洞,任何物质一旦掉进去,"似乎"就再不能逃出。由于黑洞中的光无法逃逸,所以我们无法直接观测到黑洞。然而,可以通过测量它对周围天体的作用和影响来间接观测或推测到它的存在。

人类无法观测到黑洞的存在。只能通过一些测量它对周围天体的作用和影响来间接观测或推测到它的存在。这是科学家研究它的唯一的方法。

有的科学家认为黑洞会连接另外一个宇宙,产生空间隧道。科学家们提出设想,既然宇宙中有黑洞,那么一定存在"白洞"。黑洞可以用强大的吸力把任何物体都吸进去,而白洞可以把这些东西都吐出来。科学家们设想,黑洞与白洞是连在一起的,黑洞把物质吸进去,物质在里面会经过一个叫做奇异点的东西,然后物质就到达了白洞的"管辖范围",会被白洞"吐"出来。然后物质就到达了另一个宇宙(第一平行宇宙到达)。但是,如果白洞存在,所有的物体将会以极快的速度离开。不仅如此,无论什么东西都有两面性,黑洞和白洞一个能吸一个能吐,而在第二平行宇宙中的物质则通过白洞来到宇宙所以第一平行宇宙间的物质才不会全都消失。这在在理论上是成立的。

根据目前科学家的研究发现,其实黑洞是一个面,内部却有一个空间(此空间维度在6~7维之间)也许会有另一个平行宇宙,但黑洞绝对不是连接另个宇宙的通道。黑洞吸入的物质达到一定限度后,就

■图与文

一种假想的存在于外太空的洞,能量、星星以及其他天体物质从其中出现或迸发。

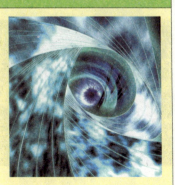

113

会重新喷吐出来，不存在白洞之说，也就是说黑洞本身就有两面性吞噬的物质达到临界点，就会以原始物质的形态送回宇宙。

时间旅行的关键——光速

神秘的宇宙充满了各式各样的疑问，人类一直在梦想着如何探寻和触摸神秘的宇宙。但是一系列的问题一直困扰着我们人类，面对浩瀚的宇宙我们到底能做些什么？是否真的有一个宇宙与我们所处的宇宙相对应而存在（平行宇宙）？是否在别的星系中存在高级智慧生命？如果有外星生命存在的星系，我们人类能够到达那里吗？归根结底，要探索和解开这些奥秘，人类必须要具备在太空旅行的能力，光速旅行就是最好也是最有可能实现的一种方式。

到目前为止，虽然人类的科学技术还无法制造超光速飞行器来实现光速旅行，但是，至少我们从科幻小说《星际迷航》和《时间机器》等优秀作品中可以看到光速旅行的希望。这些作品探讨了时间旅行、心灵运输以及超光速飞行的可行性。但是这些假想如何才能变为现实呢？光速旅行到底仅仅是科幻想象，还是存在理论上的可行性呢？在"星际迷航"中，超光速飞船到底是如何工作的呢？

光速模拟图

■光速旅行让时间"迟到"

对于光速旅行来说，最为突出的矛盾就是如果飞船仅仅以光速飞行，那么从一个银河系到另一个银河系将要花费上百甚至上千年的时间。例如说，

如果飞船以光速飞行，从地球到它所处的银河系的中心将要花费 2.5 万光年的时间。如果是这样的话，太空旅行毫无意义，所以超光速飞行器的发明是解决这一矛盾的关键。

科学家借助爱因斯坦的关于时间和空间的理论，结合爱因斯坦的相对论理论中著名的两个假设条件：光速不变，即不论何时何地，在何种条件下进行测量，光速永远都是 30 万千米每秒；所有匀速运动状态的物体适用于同样的物理定律。通过用高速火箭发射原子钟进行实验，证实了时间会"迟到"现象的存在，当原子钟落回地球时，科学家发现它确实比地面上的钟慢了一点。

这也就意味着如果超光速飞行器的速度越超过光速，那么时间就变得越慢。如此推断，超光速飞行器所要花费的 2.5 万光年的时间，实际可能仅仅是 10 年而已！那么实现星系间的交流，从一个银河系的中心到另外一个"银河系"的中心往返一次将要耗费的时间，将有可能超乎寻常的短，在光速旅行的时候，时间会"迟到"。这也证明了光速旅行在理论上是可以实现的。（注：原文如此）

■ 光速旅行——空间跳跃

可以说光速旅行是探索宇宙的最为重要的手段。但是科学家认为，如果仅仅是超光速，并不能实现远距离的空间旅行。人类的太空旅行必须还具有空间跳跃能力。在科学家的设计中，超光速飞船能够使得时空弯曲，使得它后面的区域增大而前面的区域缩短，那么飞船就不需要超光速飞行了。只要飞船能够产生足够大的引力场，那么它就能以低速飞行来完成超远距离使命，从一

电影理解下的空间跳跃

个空间迅速跳跃到另外一个空间。

在科幻小说《星际迷航》的宇宙中，光速旅行正是通过空间跳跃来实现的。通过"物质——反物质"的相互作用,产生足够的动力来实现空间跳跃。"物质——反物质"的作用能够产生高能等离子体,高能等离子与弯曲时空作用后能够在"企业"号周围产生一个弯曲场,从而实现空间跳跃。

■制造一艘超光速飞船难吗

现实世界中真的有可能制造出一艘超光速飞行的飞船吗？

美国物理学家米古尔·阿库别瑞建议用"奇异"物质来制造这一飞船。"奇异"物质具有负能量,如果能够发现或者制造出该物质,那么产生强引力场来引起时空弯曲便变得十分可行。与此同时,还必须制造出相配套的动力装置和储备轻便的能源。根据理论物理学家劳伦斯·克劳斯博士的说法,如果想以半光速状态飞行,那么一艘飞船将需要载起相当于它自身重量80倍的氢。他建议在飞船上安装一个氢收集装置,当它飞行时能够收集燃料,从而减轻载重量,但是克劳斯认为,这一装置的设计长度大约为25英里。所以,制造光速飞船还必须先制造出"合适的"发动机和燃料。

科学家还指出,制造一艘超光速飞船还必须解决"空间跳跃"这个关键点,空间跳跃是通过物质与反物质相互作用来产生动力的。但是宇宙中的反物质并不常见,我们必须人为的制造它,目前在美国费米国家加速器实验室已经能制造反物质。但按照该实验室1小时产生5000万反光子的速度,产生一个小的反物质——光球就需要10万个这样的实验室。从目前的技术来看,产生足够的反物质来弯曲时空似乎是不可能的。

可见,制造飞船的"奇

反物质遐想图

异"物质，与飞船配套的"合适的"发动机和燃料，解决"空间跳跃"的反物质，这些都是制造光速飞船的基本条件。

虽然近期内人类的科学技术还不足以达到制造能够弯曲时空的飞船的水平，但是这并没有使得人类科学家停止向前的脚步。我们相信，总有一天人类一定能够实现自由遨游太空的美好愿望，光速旅行一定可以实现。

让时间旅行成为可能——超新星中微子

据国外媒体报道，古怪神秘的中微子再一次让粒子物理学家感到迷惑，在此之前，粒子物理学家发现来自太阳中微子实际测量的流量与理论模型之间存在较大偏差，这就是著名的"中微子缺失之谜"，中微子的缺失使得物理学家不得不思考当时认定的标准太阳模型是否存在问题。接着，空间中微子探测器发现宇宙中中微子存在震荡的现象，三种不同类型的中微子在宇宙空间中可相互转换，尽管我们之前认为中微子是没有质量的，像光子一样，但是修改后的标准模型可使得中微子具有质量。而在1987年爆发的超新星事件中，地球上多处监测到提前三个小时抵达地球的中微子。

现在看来，神秘的中微子又出现了一项更加神秘的性质。根据前不久，位于瑞士日内瓦的欧洲核子研究中心的粒子物理学家研究报告中提到：在中微子震荡跟踪实验中，得出了一个令人吃惊的结果，超级质子同步加速器产生的高能中微子束打入中微子震荡跟踪仪中，发现中微子以超光速运动，

粒子物理

这个时间提前量与实验误差来得大，也就是说，即使扣除实验误差，中微子也可以超光速运动。该实验最明显体现了中微子看似可以违反爱因斯坦的狭义相对论，并导致对宇宙航行是否可以超光速的思考。

我们知道，就算是光子也要服从不可超越光速的限制理论，但是现在看来中微子似乎比较特别。使得粒子物理学家觉得，这些理论好像并不适用于它们。而欧洲核子研究中心将17Gev能级的中微子由超级质子同步加速器击中数百千米外的位于意大利中部的中微子震荡跟踪仪，实验测量中微子速度为每秒30.0006万千米，约为每秒18.6万英里，这个速度稍稍快于光速。

欧洲核子研究中心位于瑞士日内瓦与法国接壤的边境上，该中心也是世界上最大的粒子物理研究实验室，本次实验中由该实验室的超级质子同步加速器发射大量的中微子击中 730 千米 (453 英里) 之外的意大利中部的格兰萨索（GranSasso）国家实验室中微子震荡跟踪仪。用于接收中微子的装置由 15 万块铅板和感光膜组成。为了精确测量中微子运动的速度，就必须精确测量加速器与传感器之间的距离以及中微子所用的时间。

欧洲粒子物理学家测量的中微子运行时间比理论上光速运动到相同距离所花的预定时间快了 60.7 纳秒，中微子震荡跟踪仪（传感器）实验室发言人，物理学家安东尼奥（AntonioEreditato）介绍说：这完全是个意外的结果，我们希望测量中微子的速度，但是没想到发现了如此特别的东西。

同样是在欧洲核子研究中心，粒子物理学家们最近也在寻找关于希格斯玻色子的踪迹，将会有越来越多的数据被整合起来，加州理工学院的物理学家肖恩·卡罗尔（SeanCarroll）

■ 图与文

欧洲核子研究中心，通常被简称为CERN，是世界上最大型的粒子物理学实验室，也是全球资讯网的发祥地。

认为：我们目前在实验中得出的结论或多或少可能受到宇宙空间差异性的影响。只要有大量数据重复实验下，统计中的误差才可能消失。而在中微子超光速实验中，粒子物理学家进行了 6 个标准偏差的结果，实际上只要有 5 个标准偏差就能说明这个发

中微子超光速诠释图

现并不是由误差产生，应该说该实验研究人员的报告关于误差分析室令人影响深刻的。换句话说，中微子超光速现象可能不是一个随机的统计误差。

对于中微子超光速的发现，正如著名的物理学家卡尔萨根所说：非凡的结论需要有非凡的证据，物理学家安东尼奥认为：每当你接触到这些宇宙中基本的定律，都需要更加谨慎，这也是为什么研究小组花了半年的时间，多次检查他们的数据分析结果，如果其中有一个问题，那得出的结论就很可能不成立。研究报告中也肯定了两点，第一，这是一个非常有趣的、潜在的特别令人兴奋的结果，第二，这个结果有可能随着时间的推移被证伪。即使是中微子震荡实验中研究团队也不完全相信他们的结果是正确的，而他们都是粒子物理学领域世界一流的科学家。

其实，类似中微子超光速现象并不是欧洲粒子物理研究中心首次察觉，早在 2007 年，位于美国明尼苏达州的 MINOS 高能物理实验中，也观察到中微子出现抵达时间比光速还快的现象，当时费米国家实验室的物理学家约瑟夫（JosephLykken）认为："实验装置存在不确定性，对这个结果尚无定论。而且测试的方式相当混乱。比如，欧洲核子研究中心的一束质子束，并产生了中微子，但是我们不知道哪些质子是对应产生哪些中微子。这就使得很难统计中微子抵达的时间，虽然欧洲核子研究中心认为他们可以进行整体性的统计，但是这个方法还有待进一步检验。"

威廉玛丽学院校徽

然而,对于欧洲核子研究中心的发现,还存在着另一种反对的意见:位于弗吉尼亚州的威廉玛丽学院粒子物理学家马克·舍尔(MarcSher)认为:从某种意义上说,关于中微子超光速现象的实验已经完成。我们可以检测来自超新星1987A 的中微子,在 1987 年大麦哲伦星云中出现的一次超新星爆发前三个小时,地球上多台中微子探测仪同时接受到中微子爆发的信号,但是,这并不是就可以认为中微子速度超过光速,相反,它们能够直接穿过在死亡恒星周围的壳层,而光子则会以一种机制通过。

天体物理学家对此计算表明,超新星 1987A 中微子观测中出现的三个小时的时间延迟被认为是中微子比光子提前释放,然而,粒子物理学家马克·舍尔以及其他物理学家也曾指出,如果欧洲中微子超光速现场结果是真实的,这就说明这三个小时的延迟就是一个很好的证明。关于"超新星中微子"实验已被我们知晓,而马克·舍尔怀疑欧洲核子研究中心在中微子超光速计算中存在问题。

美国俄亥俄州立大学的研究人员约翰(John)认为:针对欧洲核子研究中心的结果,比较超新星 1987A 的中微子探测结论可能不是一个最好的主意,显得毫无意义,因为我们不能精确了解这些中微子的速度以及它们具有的能量、距离等参数。如果要对欧洲核子研究中心的结果进行确认,最好要进行交叉检查,同时探索在伽玛射线爆发中出现的高能中微子。而典型的伽玛射线爆发持续的时间很短,从一两秒钟到数秒不等,较短的时

间尺度是一个非常明显的特征。我们可以使用更加复杂的模型来屏蔽来自背景信号中的低能态中微子，并且还应该注意时间框架的选择。

正如物理学家马特施特·拉斯勒（MattStrassler）对此评论道：欧洲核子研究中心的结论并不意味着爱因斯坦的狭义相对论就是完全错误的，而时间旅行和更发达的超光速通信技术也将成为可能。即使是直接参与研究的意大利中微子震荡实验的粒子物理学家也并没有说他们的发现就已经可以推翻爱因斯坦。在过去的几十年内，物理学家们都在认真研究相对论的基本原则，探索是否存在与相对论相反的物理现象。从狭义相对论中推导出来的洛伦兹共变性则是时空的一个关键性质。科学家也正在研究洛伦兹不变性，也许对中微子的研究而言是一个很好的方向。

狭义相对论中最核心的宗旨便是任何一个人，不论选择何种参照系，所测量出光速的速度都是相同的，这也是为什么时空不断膨胀过程中，光速保持不变。从欧洲核子研究中心的结论看，也许这个情况并非如此，那么狭义相对论应该作些调整。虽然这对现代物理学而言，是个坏消息，但是有物理学家认为，这可能是一个扭曲的额外时空维度的一个标志。这些额外维度是量子引力论中的一个关键要素，它可以提供中微子以一种快捷的方式运动，使得中微子的运动速度比光速快，哪怕只是快了一丁点儿。

或者，某些处于高能态的中微子确实运动得比光子还快一点儿，而这些假想中的粒子都在上个世纪60年代已首次提出，这些粒子最大的特点就是运动的速度能超过光速。然而，这些观点已经被1985年在物理学家阿兰·乔多斯（AlanChodos）、阿里·豪瑟（AriHauser）和阿兰科·斯塔莱茨基（AlanKostalecky）提出的论文中被证明

■图与文

费米实验室，以著名的理论物理学家恩利克·费米（Enrico Fermi）的名字命名，建立于1967年，是美国最重要的物理学研究中心之一，位于美国伊利诺斯州巴达维亚附近的草原上。

是错误的。具体来说，他们通过预测证明如果一个中微子与另一个未知的量子真空区域发生相互作用，这些中微子的运行速度就能够超过光速。在这个背景下，任何物体的运动速度都限制在光速之下看来也不一定。可能中微子的运动速度比光速更快点。

对于中微子超光速现象的论证，该实验必须能进行重复实验。现在，欧洲核子研究中心的粒子物理学家们正在寻找分析系统误差可能导致的错误，而其他中微子实验室争先恐后地进行重复性实验，比如费米实验室也开始自己的计划，不论对中微子震荡实验结论被证实或者证伪，都是个重大的发现。在此期间，认为狭义相对论乃至现代物理学将面临崩溃是不恰当的。

时间旅行的难题——如何建造时间机器

英国著名天体物理学家、宇宙学家斯蒂芬·霍金日前在英国《每日邮报》上刊文，探讨了人类建造时间机器的方式。以下是他的文章全文：

大家好，我是霍金，一个物理学者、宇宙学者和梦想家。尽管我不能动，必须通过计算机讲话，但我的思想是自由的。我自由地探索宇宙，并且思考诸多问题，比如：时间旅行可能吗？我们能找到回到过去或者通往未来的入口吗？人类能够使用自然法则，成为时间的主人吗？

时间旅行曾被认为是科学幻想，我过去避免谈

玛丽莲·梦露

时间

论这个问题,担心自己被贴上怪人的标签。但近来,我不再小心翼翼。实际上,我自己非常希望拜访修建史前巨石柱的人类。我对时间十分困惑。如果有时间机器,我一定去拜访玛丽莲·梦露,或者去看看伽利略和他的望远镜。或许我还能前往宇宙的尽头,寻找整个宇宙的终点。

这些幻想都是可能的,物理学家们需要关注所谓的"四维空间"。我们知道,每个物体,包括我乘坐的轮椅,都有长度、宽度以及高度等三维空间,但实际上还有另外一种长度,即"时间的长度"。人类可以存活80年,而史前巨石柱屹立了数千年,太阳系则存在了数十亿年。即使在太空中,万物也都有时间的长度,在时间中漫游,意味着穿越四维空间。

让我举例说明,开车直线行进等于是在第一度空间中行进,而左转或右转等于加上第二度空间,至于在曲折蜿蜒的山路上下行进,就等于进入第三度空间,而穿越时光隧道就是进入四维空间,科学家将这条时间隧道命名为"虫洞"。实际上,虫洞就存在于我们周围,只是太小以至于肉眼很难看见,它们存在于空间与时间的隐密裂缝中。

理论上,虫洞也是一种隧道或者捷径,爱因斯坦在其《相对论》中就已经预测其存在,用于连接两个时空。负能量将空间和时间吸入隧道口,然后从另一个宇宙出现。但这些现在依然是假设,显然没人曾看到过虫洞,但已经用人利用这一理论拍摄电影,比如《星际之门》和《时光大盗》。

世间万物并非是平坦或固体状的。如果你距离足够近的进行观察,会发现一切物体上出现小孔或皱纹,这是就是基本的物理法则,而且适用于时间。如同在第三度空间中一样,

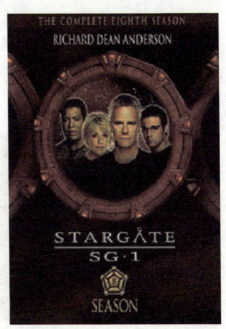

《星际之门》海报

123

在四维空间中，时间也有细微的裂缝、皱纹及空隙，而比分子、原子还细小的空间则被命名为"量子泡沫"，虫洞就存在于其中。而科学家们企图穿越的空间与时间隧道或捷径，则不断在量子世界中形成、消失或重组，它们实际上连结两个不同的空间及时间。

但不幸的是，这些真实存在的隧道直径只有一厘米的百万亿分之一，小到人类无法穿越，不过也就是"虫洞时光隧道机器"的核心概念。一些科学家认为，有朝一日，人类也许能够抓住一个虫洞，再将它无限放大，使人类甚至太空船可以穿越；若给予足够的动力加上先进科技，科学家或许也可以在太空中建造一个巨大的虫洞。这条虫洞的一个端点在地球附近，而另外一个端点可能在极其遥远的星球上。

理论上说，时光隧道或虫洞能够带着人类前往其他行星。如果虫洞两端位于同一位置，且以时间而非距离间隔，那么太空船就能飞入，并在地球附近重新出现，只是回到了"遥远的过去"，或许恐龙能够看到太空船着陆。

但是现在，我意识到在四维空间思考并不轻松，虫洞也许就在你的思维中，但却摸不着头脑。我曾设想用简单的实验揭示，现在或者将来人类的时间旅行穿越虫洞是可能的。我将两件我最喜欢的事情组合，看是否从未来到过去的时间旅行是可能的。

人类臆想中的时光隧道

让我们想象一下，我正要举行宴会，欢迎未来游客。我会将一份邀请按照时间和空间的延伸，复制出很多份。或许未来某一天，住在未来的某人会发现邀请函上的信息，使用虫洞时间机器回来参加我的宴会，以此证明时间旅行是可能的，而我的时

时 间

间访客可能在任何时候到达。但正如我前面所说的,没人出现。我希望至少未来的宇宙小姐能够迈进我的宴会大门。

为什么这个实验没能成功呢?原因之一可能是前往过去的时间旅行问题,我们称之为"悖论"。其中,最为著名的就是祖父悖论(假设你回到过去,在自己父亲出生前把自己的祖父母杀死;因为你祖父母死了,就不会有你的父亲,你就不会出生;你没出生,就没有人会把你祖父母杀死;若是没有人把你的祖父母杀死,你就会存在并回到过去且把你的祖父母杀死,于是矛盾出现了)。但我有一个更简单的"疯狂科学家悖论",即某人建立了虫洞,时间隧道延伸到过去一分钟之前。通过虫洞,这名科学家看到了一分钟前的自己。但是如果他利用虫洞杀死了一分钟前的自己,会发生什么问题呢?结论是,现在的他也跟着死亡。那么是谁开的枪呢?这就是一种矛盾。

这种时间机器可能违反了支配整个宇宙的基本原理,即以往种下的因成为今日的果。我认为,事情不可能自己发生,如果实际上如此,可能没有什么能够阻止宇宙逐渐陷入混乱。因此,我想,应该有某些东西在预防这种自相矛盾的悖论。也就是说,肯定有某种原因阻止科学家回到过去杀死自己。我认为,虫洞本身就是一个问题。我认为,这样的虫洞几乎是不可能存在的,理由是反馈效应。

当声音通过麦克风,沿着线路传递到达喇叭时,你会发现,每经过一次循环,从喇叭传出的声音就增大一分。如果没有东西阻止这个声音,其反馈效应最后将毁掉音响系统。同样的事情也发生在虫洞身上,只是射线代替了声音。一旦虫洞扩张,自然射线就会进入,循环后这种射线变得十分强大,足

声音的传递

以毁掉整个虫洞。因此，尽管小虫洞存在，但很难将其扩展足够大，也不足以支持时间机器穿过。这是没人能够从将来回到过去的真实原因。

似乎任何通过虫洞或者其他方法回到过去的时间旅行都几乎是不可能的，否则悖论就会发生。因此，前往过去的时间旅行似乎从未发生过。但是这并不是故事的结尾，这并不意味着所有时间旅行都是不可能的。我相信时间旅行，相信能够进入未来。时间流动就像河流一样，似乎我们每个人都在随着时间流身不由己地前进。但时间流在不同的空间也有不同的速度，这是未来时间旅行的关键。爱因斯坦曾意识到，时间流应该有速度缓慢的地方。他是对的，地球轨道上方的卫星上，其时间流动就比地球上快。每艘太空船上都有精确的时钟，但它们每天比地球上快三十亿分之一秒。

问题并非出在时钟上，而是因为地球的质量巨大。爱因斯坦认为，物体越重，时间就变得越慢，这个理论为未来时间旅行打开一扇门。在银河系中心、距离我们26000光年的地方，停留着银河系最重的天体，相当于400万个太阳，那里的时间过得最慢，使它成为一台天然时间机器。太空船可以利用这种现象。地球上控制任务的太空机构观察到，太空船绕行其轨道花费时间16分钟。但船上的人会发现，他们的时间减慢一半。16分钟的轨道飞行，他们感觉只用了8分钟。实际上，这时候他们就已经在进行时间旅行。想象一下，他们围绕黑洞飞行了5年，其他地方却已经过了10年。但他们回家时，发现比地球上的人年轻5岁。因此，如果太空船能够靠近这种质量巨大的天体，时间就会变慢。但是这种黑洞式的时间机器太过危险，需要我们花费太长时间才能到达未来。

幸而我们还有另外一种时间旅行的方式。你的速度只要快

■ 图与文

载人飞船，能保障航天员在外层空间生活和工作以执行航天任务并返回地面的航天器。又称宇宙飞船。

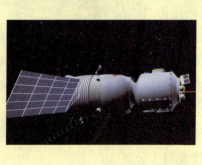

到摆脱宇宙速度的限制，即超越光速（每秒30万千米），你就能免于被吸入黑洞，进入未来。人类史上最快的载人飞船是阿波罗十号，它的时速可达4万千米。但是要想进行时间旅行，这个速度必须再快2000倍。

让我们畅想一下，如果地球周围有一列超高速火车在铁轨上运行。一旦这列火车接近光速，它也就成了时间机器，火车上的乘客正乘坐单程票前往未来。火车先是开始加速，越来越快，最后围绕地球飞速运转。接近光速意味着这列火车每秒钟要绕地球飞转7圈，但是无论添加多少动力，火车永远不可能达到光速，因为物理法则限制了它。让我们想象火车接近光速的情景。相对于其他世界来说，火车上的时间开始减缓，就像在黑洞附近。船上人度过7天，相当于地球人度过100年。

当然建立达到如此速度的火车是不可能的，但我们可以建设类似火车的、世界上最大的粒子加速器。当动力开启时，粒子的速度可以达到每秒钟10万千米。增加动力，粒子的速度就会越来越快，直到最后达到接近光速。但与火车类似，粒子也永远达不到光速，最多只能达到光速的99.99%。但此时，已经开始时间旅行。因此时间旅行也变得很简单，只要我们达到足够快的速度即可实现。

为此，我们需要巨大的太空船，上面装满大量燃料，支持其加速到光速。在全负荷运转六整年后，摆脱宇宙速度限制后，飞船一周内就可以到达带外行星，两年后达到半光速到达太阳系外围，四年后达到光速的90%，距离地球48万亿千米，并实现时间旅行，飞船上每小时相当于地球上过了两小时。再过两年，飞船将达到光速的99%，这时船上的一天相当于地球时间的一年，飞船真正进入未来。

时间变慢是另外一个好处，意味着人类可以利用有限的生命，到极远的地方旅行，到银河系边缘的旅行只要约80年。最后，我们可能通过对物理学的理解，成为通过四维空间的真正太空航行者。

第六章
和时间有关的文学作品

时间是人类永恒的话题,失去时间的人们极力想挽回消逝的过去;蹉跎岁月的人极力想挽回远走的青春;浪费时间的人到垂垂老矣的时候,无不悔恨。可以说,时间给人的冲击是很大的,所以,在灿烂的文学瀚海中,诞生了许多和时间有关的文学作品。其中,不乏名家名作。

这些作品都是以时间为主题,表达他们惜时、爱时的肺腑之情。有的则是科研成果的理论著述,像霍金的《时间简史》,它对人类的影响是深远的,也充分表达了霍金关于时间的看法。

总之,在本章中将会详细介绍各种与时间有关的文学作品。

达利：《永恒的记忆》

萨尔瓦多·达利，西班牙超现实主义画家和版画家，达利是一位具有非凡才能和想象力的艺术家，以探索潜意识的意象著称。1982年西班牙国王胡安·卡洛斯一世封他为普波尔侯爵。与毕加索、马蒂斯一起被认为是20世纪最有代表性的三个画家。

《记忆的永恒》是达利创作于1931年的一幅布面油画，现收藏于纽约现代艺术博物馆。作品典型地体现了达利早期的超现实主义画风。画面展现了一片空旷的海滩，海滩上躺着一只似马非马的怪物，它的前部又像是一个只有眼睫毛、鼻子和舌头荒诞地组合在一起的人头残部；怪物的一旁有一个平台，平台上长着一棵枯死的树；而最令人惊奇的是出现在这幅画中的好几只钟表都变成了柔软的有延展性的东西，它们显得软塌塌的，或挂在树枝上，或搭在平台上，或披在怪物的背上，好像这些用金属、玻璃等坚硬物质制成的钟表在太久的时间中已经疲惫不堪了，于是都松垮下来。

达利承认自己在《记忆的永恒》这幅画中表现了一种由弗洛伊德所揭示的个人梦境与幻觉，是自己不加选择，并且尽可能精密地记下自己的下意识，自己的梦的每一个意念的结果。而为了寻找这种超现实的幻觉，他曾去精神病院了解

达 利

患病人的意识,认为他们的言论和行动往往是一种潜意识世界的最真诚的反映。达利运用他那熟练的技巧精心刻画那些离奇的形象和细节,创造了一种引起幻觉的真实感,令观众看到一个在现实生活中根本看不到的离奇而有趣的景象,体验一下精神病

《记忆的永恒》

人式的对现实世界秩序的解脱,这也许是超现实主义绘画的真正的魅力所在。而达利的这种将幻觉的意象与魔幻的现实主义作对比的手法,更使得他的画在所有超现实主义作品中最广为人知。

霍金与《时间简史》

《时间简史》是由英国伟大的物理学家、黑洞理论和"大爆炸"理论的创立人史蒂芬·霍金撰写的一本有关宇宙学的经典著作,是一部将高深的理论物理通俗化的科普范本。

《时间简史》是一本书,所描绘的时间是"霍金时间"。霍金自认"黑洞悖论"错误,2004年7月,霍金修正了自己原来的观点,承认"信息守恒"。

宇宙论是一门既古老又年轻的学科。作为宇宙里高等生物的人类不会满足于自身的生存和种族的绵延,还一代代不懈地探索着存在和生命的意义。但是,人类理念的进化是极其缓慢和艰苦的。从"亚里士多德"到"托勒密的地心说"到"哥白尼—伽利略的日心说"的演化就花了2000年的时间。令人吃惊的是,尽管人们知道世间的一切都在运动,只是到了20世纪

图与文

美国天文学家爱德温·哈勃（Edwin P. Hubble）（1889–1953）是研究现代宇宙理论最著名的人物之一，是河外天文学的奠基人。

20年代因哈勃发现了红移定律后，宇宙演化的观念才进入人类的意识。人们甚至从来没有想到过宇宙还会演化。牛顿的万有引力定律表明，宇宙的物质在引力作用下不可能处于稳定的状态。即使在爱因斯坦的广义相对论中，情况也好不到哪儿去，为了得到一个稳定的宇宙模型，他曾将宇宙常数引进理论中。他们都希望在自己的理论中找到稳定的宇宙模型。可见，宇宙演化的观念并不是产生于这些天才的头脑之中。

将哈勃的发现当成现代宇宙论的诞生是公平的。哈勃发现，从星系光谱的红移可以推断，越远的星系以越快的速度离开我们而去，这表明整个宇宙处于膨胀的状态。从时间上倒溯到过去，估计在100亿到200亿年前，曾经发生过一桩开天辟地的大事件，即宇宙从一个极其紧致、极热的状态中大爆炸而产生。伽莫夫在1948年发表的一篇关于热大爆炸模型的文章中作出了一个惊人的预言，早期大爆炸的辐射仍残存在我们周围，不过由于宇宙膨胀引起的红移，其绝对温度只余下几度左右，在这种温度下，辐射是处于微波的波段。但在1965年彭齐亚斯和威尔逊观测到宇宙微波背景辐射之前，人们并不认真对待此预言。

一般认为，爱因斯坦的广义相对论是用于描述宇宙演化的正确的理论。在经典广义相对论的框架里，霍金和彭罗斯证明了，在很一般的条件下，空间、时间一定存在奇点，最著名的奇点即是黑洞里的奇点以及宇宙大爆炸处的奇点。在奇点处，所有定律以及可预见性都失效。奇点可以看成空间时间的边缘或边界。只有给定了奇点处的边界条件，才能由爱因斯坦方程得到宇宙的演化。由于边界条件只能由宇宙外的造物主所给定，所以宇宙的命运就操纵在造物主的手中。这就是从牛顿时代起一直困扰人类智慧

时间

的第一推动力的问题。

如果空间、时间没有边界,则就不必劳驾上帝进行第一推动了。这只有在量子引力论中才能做到。霍金认为宇宙的量子态是处于一种基态,空间、时间可看成一个有限无界的四维面,正如地球的表面一样,只不过多了两个维数而已。宇宙中的所有结构都可归结于量子力学的测不准原理所允许的最小起伏。从一些简单的模型计算可得出和天文观测相一致的推论,如星系、恒星等等的成团结构,大尺度的各向同性和均匀性,空间、时间的平性,即空间、时间基本上是平坦的,并因此才使得星系乃至生命的发展成为可能,还有时间的方向箭头等等。

霍金的量子宇宙论的意义在于它真正使宇宙论成为一门成熟的科学,它是一个自足的理论,即在原则上,单凭科学定律我们便可以将宇宙中的一切都预言出来。

在《时间简史》这部书中,霍金带领读者遨游外层空间奇异领域,对遥远星系、黑洞、夸克、"带味"粒子和"自旋"粒子、反物质、"时间箭头"等进行了深入浅出的介绍,并对宇宙是什么样的、空间和时间以及相对论等古老问题作了阐述,使读者初步了解狭义相对论以及时间、宇宙的起源等宇宙学的奥妙。

《时间简史》自1988年首版以来,已成为全球科学著作的里程碑。它被翻译成40种文字,销售了近1000万册,成为国际出版史上的奇观。该书内容是关于宇宙本性的最前沿知识,但是从那以后无论在微观还是宏观宇宙世界的观测技术方面都有了非凡的进展。这些观测证实了霍金在该书第一版中的许多理

《时间简史》

论预言，其中包括宇宙背景探险者(COBE)的最新发现，它在时间上回溯探测到离宇宙创生的 30 万年之内，显露了霍金超人的时空感知能力。

罗念生与《时间》

罗念生，原名懋德。1904 年 7 月 12 日生于四川省威远县连界场庙坝。1990 年 4 月 10 日因前列腺癌病逝，终年 86 岁。罗念生是我国著名的学者、教授，在古希腊文学的翻译和研究领域中，有杰出的贡献。

罗念生有一个作品，是讲述时间的，原文如下：

罗念生

《时间》

有人说时间在光影里，但
黑暗也不间的推移；
有人说它随着动力转变，
但静止也像在运行；
有人说时间原住在声音里，
但沉默也像在拖延。
我忽然望见了时间，那不
是一条线，
也不是一道圈；那是一个
浑圆的整体，
密密的充塞着天宇，
这一点是太初也是末日，
更无从分辨过去，现在与
未来，
我们别怨生命的短促，这
短促是永恒的一片。

这首诗写于 1928 年前后。当时的诗人还很年轻,正醉心于古希腊哲学。古希腊的人生观和宇宙观(包括时空观),都曾经引起诗人浓厚的兴趣。《时间》一诗,也就是诗人在读哲学时产生的一丝灵感。

诗的前四行,否定了几种时间学说;后六行阐述了自己的时间观念,并由此生发出一种豁达的人生观来:"我们别怨生命的短促,这短促是永恒的一片"。

诗不能成为哲学的教科书,但诗并不排斥哲理。哲理入诗,只要做到寓理于情,或融情入理,使哲理和诗

青年时代的罗念生

情浑然一体,照旧可以成为好诗。这首诗通篇都在讲哲理,讲宇宙观、讲人生观,但读来并不让人觉得枯燥,除了诗的语言与技巧外,其奥秘就在于它最终落实到了一个富于诗意的生命的主题。这一主题的出现,就使它脱离了一般哲理的高谈阔论,而进入了普通人的情感区域,拨动了人们情感的琴弦,从而也就使全诗(包括其中的宇宙观的论辩)都化作了一种富有诗意的人生慨叹,犹如曹操的"对酒当歌,人生几何"一样,哲理被诗化了。

这是一首五音组(或称五顿)的有韵诗。每行由五个音组构成,行尾用韵。诗行与诗句不同号,有的诗句含在行中,有的诗句跨越两行。显然是接受了西方诗体的影响。但读来并不给人生硬的感觉,表现了诗人驾驭语言的功力。借用西方诗体的经验来对新诗的诗行作这样的处理,是"新诗形式运动"者们的一种尝试。罗念生等人的成功,为这种诗行处理方式的推行奠定了很好的基础。

林清玄：《和时间赛跑》

　　林清玄（1953年—），笔名秦情、林漓、林大悲等。台湾高雄人，1953年生于台湾高雄旗山。毕业中国台湾世界新闻专科学校。曾任台湾《中国时报》海外版记者、《工商时报》经济记者、《时报杂志》主编等职。他是台湾作家中最高产的一位，也是获得各类文学奖最多的一位。

　　《和时间赛跑》

　　读小学的时候，我的外祖母去世了。外祖母生前最疼爱我。我无法排除自己的忧伤，每天在学校的操场上一圈一圈地跑着，跑得累倒在地上，扑在草坪上痛哭。

　　那哀痛的日子持续了很久，爸爸妈妈也不知道如何安慰我。他们知道与其欺骗我说外祖母睡着了，还不如对我说实话：外祖母永远不会回来了。

　　"什么是永远不会回来了呢？"我问。

　　"所有时间里的事物，都永远不会回来了。你的昨天过去了，它就永远变成昨天，你再也不能回到昨天了。爸爸以前和你一样小，现在再也不能回到你这么小的童年了。有一天你会长大，你也会像外祖母一样老，有一天你度过了你的所有时间，也会像外祖母一样永远不能回来了。"爸爸说。

　　爸爸等于给我说了一个谜，这个谜比"一寸光阴一寸金，寸金难买寸光阴"还让我感到可怕，比

林清玄

"光阴似箭,日月如梭"更让我有一种说不出的滋味。

以后,我每天放学回家,在庭院里看着太阳一寸一寸地沉进了山头,就知道一天真的过完了。虽然明天还会有新的太阳,但永远不会有今天的太阳了。

我看到鸟儿飞到天空,它们飞得多快呀。明天它们再飞过同样的路线,也永远不是今天了。或许明天飞过这条路线的,不是老鸟,而是小鸟了。

时间过得飞快,使我的小心眼里不只是着急,还有悲伤。有一天我放学回家,看到太阳快落山了,就下决心说:"我要比太阳更快地回家。"我狂奔回去,站在庭院里喘气的时候,看到太阳还露着半边脸,我高兴地跳起来。那一天我跑赢了太阳。以后我常做这样的游戏,有时和太阳赛跑,有时和西北风比赛,有时一个暑假的作业,我十天就做完了。那时我三年级,常把哥哥五年级的作业拿来做。每一次比赛胜过时间,我就快乐得不知道怎么形容。

后来的二十年里,我因此受益无穷。虽然我知道人永远跑不过时间,但是可以比原来跑快一步,如果加把劲,有时可以快好几步。那几步虽然很小很小,用途却很大很大。

这首《与时间赛跑》基调是哀伤的。外祖母去世后,"我"忧伤难过,爸爸于是对"我"解释什么是时间。从此,时间流失的可怕印在小小的"我"的心里,直到有一天"我"跑赢了太阳才压倒内心对于时间流逝的恐惧。得出"假若你一直和时间赛跑,你就可以成功"的道理。这是林清玄先生的散文《和时间赛跑》的内容,平和简朴的笔调让故事在娓娓道来中带上一抹隐隐的哀伤,透出人对时间的无力感。即使在结尾,在林先生把积极向上的道理告诉我们时,我们仍然无法排解那一丝萦绕心头的哀伤与无奈。

高尔基的《时钟》

高尔基(1868—1936)苏联无产阶级作家,社会主义现实主义文学的奠基人。他出身贫穷（在沙皇俄国出生），幼年丧父，11 岁时为了生计而在社会上到处奔波，当过装卸工、面包房工人。贫民窟和码头成了他的"社会"大学的课堂。他与劳动人民同呼吸共命运，亲身经历了资本主义残酷的剥削与压迫。这对他的思想和创作发展具有重要影响。

在饥寒交迫的生活中，高尔基顽强自学，掌握了欧洲古典文学、哲学和自然科学等方面的知识。只上过两年小学的高尔基在 24 岁那年发表了他的第一部作品，那是刊登在《高加索日报》上的短篇小说《马卡尔·楚德拉》。小说反映了吉卜赛人的生活，情节曲折生动，人物性格鲜明。报纸编辑见到这篇来稿十分满意，于是通知作者到报馆去。当编辑见到高尔基时大为惊异，他没想到，写出这样出色作品的人竟是个衣衫褴褛的流浪汉。编辑对高尔基说："我们决定发表你的小说，但稿子应当署个名才行。"高尔基沉思了一下说道："那就这样署名：玛克西姆·高尔基。"在俄语里，"高尔基"的意思是"痛苦"，"马克西姆"的意思是"最大的"，合起来，便是"最大的痛苦"之意。从此，他就以"最大的痛苦"作为笔名，开始了自己的创作生涯。

高尔基不仅是伟大的文学家，而且也是杰出的社会活动家。他组织成立了苏联作家协会，并主持召开了全苏第一次作家代表大会，培养文学新人，积极参加保卫世界和平的事业。

高尔基

高尔基的作品自 1907 年就开始介绍到中国。他的优秀文学作品和论著成为全世界无产阶级的共同财富。

《时钟》

一

滴答，滴答！

夜阑人静，独自一人谛听着钟摆在冷漠地、不停地摆动，不禁毛骨悚然：这简单而精确的声音总是一成不变地表明一点：生命在不息地运动。黑夜与睡梦笼罩着大地，万籁俱寂，只有时钟在

时间

冷冷地、响亮地计量着那逝去的分分秒秒……钟摆滴滴答答的响着,每响一声,生命就缩短一秒,即我们每个人所拥有的时间中的一个微小部分,而逝去的这一秒就不再回到我们手中。

这分分秒秒来自哪里?它们逝向何方?这一点谁也回答不上来……还有许多问题,其它许多更加重要的、决定着我们能否得到幸福的问题也尚未得到解答。怎样活着才能意识到自己为生活所需,怎样活着才能不丧失信念和希望,怎样活着才能使每一秒都不浑浑噩噩地白白流逝?无休止地走动着的时钟能回答这所有的问题吗?对此它能说些什么呢?

……

我们的生活时钟是一座空虚、枯燥的时钟,让我们不要怜惜自己,用壮丽的业绩把它填满吧,这样,我们就会度过许许多多充满激荡身心的欢乐和灼热的自豪的美丽时光!不会怜惜自己的人万岁!

高尔基的这篇《时钟》,能使人感悟到许多人生哲理。短文虽然只有四百字,却凝聚了人生的经验、理想,是人生的拐杖,哪里有追求,哪里便有幸福的存在追求,哪里有追求,哪里便有人生价值的存在,永远不会置于某种奢望,而是在"滴答!滴答!"的时钟声中不停地行动。

世上没有再比时间更冷漠的东西了——自从你呱呱坠地的那一刻起,你就被无情地套上了一幅桎梏,沉重的桎梏慢慢地消耗着你的生命,逐渐地接近死亡,而到了你奄奄一息,痛苦地呻吟的时候,时钟也还会不停地枯燥地重复着同一个动作,精确地计算着你弥留在这个世界上的分分秒秒,就这样残忍地把你带进死亡。你不会再听到令你恐惧的"滴答"声,而时钟依旧在现实的世界中一圈一圈地重

高尔基塑像

复着圆周运动!

　　生活在时钟里的人们啊,怎样活着才能不丧失信念和希望,怎样活着才能使这一秒秒不会白白的逝去,流向无人知晓的空间!

　　"我们若要生活就该为自己建造另一种充满感受、思索和行动的时钟,用它来代替这个枯燥、单调,以愁闷来扼杀心灵,带有责备意味和冷冷地滴答声的时钟!"倘若你有自尊心,并在时钟的摆布中感到羞耻,那么你就应该与时间斗争,去争取它带给我们的分分秒秒,只有在斗争中,我们才能把时间充实,把生活变得有意义,生活的意义就是:在你从容地面对死亡时,回首自己走过的足迹,已在时间中留下了让自己永远难忘的东西!

第七章
珍惜时间的名人

古往今来的人们,无不发出这样的惋惜——时间易逝,于是长叹曰:"光阴似箭催人老,日月如梭趱少年"。的确,时间的流速真另人难以估计,无法形容。我们应该好好把握逝去的瞬间。

"未来","现在","过去"是时间的步伐。"未来",犹豫地接近;"现在",快如飞箭地消失;"过去",永远地停止。在伟大的宇宙空间,人生仅是流星般的闪光;在无限的长河里,人生仅仅是微小的波浪。

所以,请珍惜时间吧,它是生命中最可贵的东西。

爱迪生的故事

爱迪生一生只上过三个月的小学,他的学问是靠母亲的教导和自修得来的。他的成功,应该归功于母亲自小对他的谅解与耐心的教导,才使原来被人认为是低能儿的爱迪生,长大后成为举世闻名的"发明大王"。

爱迪生从小就对很多事物感到好奇,而且喜欢亲自去试验一下,直到明白了其中的道理为止。长大以后,他就根据自己这方面的兴趣,一心一意做研究和发明的工作。他在新泽西州建立了一个实验室,一生共发明了电灯、电报机、留声机、电影机、磁力析矿机、压碎机等等总计两千余种东西。爱迪生的强烈研究精神,使他对改进人类的生活方式,作出了重大的贡献。

"浪费,最大的浪费莫过于浪费时间了。"爱迪生常对助手说。"人生太短暂了,要多想办法,用极少的时间办更多的事情。"

一天,爱迪生在实验室里工作,他递给助手一个没上灯口的空玻璃灯泡,说:"你量量灯泡的容量。"他又低头工作了。

过了好半天,他问:"容量多少?"他没听见回答,转头看见助手拿着软尺在测量灯泡的周长、斜度,并拿了测得的数字伏在桌上计算。他说:"时间,时间,怎么费那么多的时间呢?"爱迪

爱迪生

生走过来，拿起那个空灯泡，向里面斟满了水，交给助手，说："里面的水倒在量杯里，马上告诉我它的容量。"

助手立刻读出了数字。

爱迪生说："这是多么容易的测量方法啊，它又准确，又节省时间，你怎么想不到呢？还去算，那岂不是白白地浪费时间吗？"

助手的脸红了。

爱迪生喃喃地说："人生太短暂了，太短暂了，要节省时间，多做事情啊！"

爱迪生未成名前是个穷工人。一次，他的老朋友在街上遇见他，关心地说："看你身上这件大衣破得不像样了，你应该换一件新的。"

"用得着吗？在纽约没人认识我。"爱迪生毫不在乎地回答。

几年过去了，爱迪生成了大发明家。

有一天，爱迪生又在纽约街头碰上了那个朋友。"哎呀"，那位朋友惊叫起来，"你怎么还穿这件破大衣呀？这回，你无论如何要换一件新的了！"

"用得着吗？这儿已经是人人都认识我了。"爱迪生仍然毫不在乎地回答。

珍惜时间的鲁迅

鲁迅是我国伟大的无产阶级文学家、思想家和革命家。有人说鲁迅是天才，可他自己说：哪里有天才？我是把别人喝咖啡的工夫都用在了工作上的。

鲁迅说："节省时间，也就是使一个人的有限的生命更加有效，而也即等于延长了人的生命。""读书要眼到、口到、心到、手到、脑到"是鲁迅参照朱熹的名言写的。"要竭力将可有可无的字、句、段删去，毫不可惜。"的确，他也是这么做的。

时代舵手——鲁迅

鲁迅的成功,有一个重要的秘诀,就是珍惜时间。鲁迅十二岁在绍兴城读私塾的时候,父亲正患着重病,两个弟弟年纪尚幼,鲁迅不仅经常上当铺,跑药店,还得帮助母亲做家务;为避免影响学业,他必须作好精确的时间安排。

此后,鲁迅几乎每天都在挤时间。他说过:"时间,就像海绵里的水,只要你挤,总是有的。"鲁迅读书的兴趣十分广泛,又喜欢写作,他对于民间艺术,特别是传说、绘画,也深切爱好;正因为他广泛涉猎,多方面学习,所以时间对他来说,实在非常重要。他一生多病,工作条件和生活环境都不好,但他每天都要工作到深夜才肯罢休。

在鲁迅的眼中,时间就如同生命。"美国人说,时间就是金钱。但我想:时间就是性命。倘若无端的空耗别人的时间,其实是无异于谋财害命的。"因此,鲁迅最讨厌那些"成天东家跑跑,西家坐坐,说长道短"的人,在他忙于工作的时候,如果有人来找他聊天或闲扯,即使是很要好的朋友,他也会毫不客气地对人家说:"唉,你又来了,就没有别的事好做吗?"

鲁迅总想在较少的时间内为革命做更多的事情。他曾经说过:节约时间,就等于延长一个人的生命。他工作起来从不知道疲倦,常常白天做别的工作,晚上写文章,一写就写到天亮。他在书房里,总是坐在书桌前不停地工作,有时也靠在躺椅上看书,他认为这就是休息。

鲁迅到了晚年，对于时间抓得更紧。不管斗争多么紧张，环境多么恶劣，身体多么不好，他都是如饥似渴地学习，夜以继日地忘我工作。有病的时间，他就想着病好了要做什么事；病稍好一些，就动手做起来。他逝世前不久，体温很高，体重减轻到不足八十斤，可他仍然不停地用笔作武器，同敌人战斗。他在逝世前三天，还给别人翻译的苏联小说集写了一篇序言；在他逝世的前一天还记了日记。鲁迅一直战斗到离开人世的那一天，从没浪费过时间。

青年时期的鲁迅

鲁迅不仅爱惜自己的时间，也珍惜别人的时间。他参加会议，从来不迟到，绝不叫别人等他。就是下着大雨，他也总是冒雨准时赶到。他曾经说过：时间就是生命，无缘无故地耗费别人的时间，和图财害命没有什么两样。

节省时间的椅子

居里夫人说："荣誉就像玩具，只能玩玩而已，绝不能看得太重，否则就将一事无成。"

1895年7月26日，28岁的玛丽·斯可罗多夫斯卡与皮埃尔·居里在巴黎郊区梭镇结为夫妻。他们的婚礼十分简单，没有高雅的乐队，没有繁杂的仪式，除了几位至亲好友的祝福，没有什么值得别人羡慕的。他们的新房也不像人们想象的那般豪华，房子是一座坐落在渔村的农舍，家中除了一张普通的床、一张桌子、两把椅子，再没有别的家具。

　　也许你会认为，皮埃尔家太穷，买不起家具。其实不然，结婚前，皮埃尔的父亲打算送一套高档家具作为结婚礼物，但被居里夫人婉言谢绝了。对此，皮埃尔很不理解，他觉得家中只有两把椅子实在太少，想要再添置些，以免家里来了客人没地方坐。居里夫人劝阻他说："亲爱的皮埃尔，椅子多点是会带来方便，但是，客人坐下来后就不走了，我们要花费许多无谓的时间来应酬。与其这样，还不如两把椅子好，你一张，我一张，没有外人打扰，我们可以一心一意地做实验搞研究，这样不是挺好吗？"

　　皮埃尔明白了妻子的一番良苦用心，就遵从她的意见，不再增添椅子。果然，当人们来到他们家里，看到连椅子都没有，只得匆匆忙忙离开，因为他们实在不愿意自己坐着，而让居里夫妇站着，也不愿意自己一直站着，以俯视的方式跟居里夫妇讲话，这都会让他们很不自在。

　　少了俗事纷扰，居里夫人得以全身心工作，她将大量时间和精力都投入到了科学研究中，在事业上取得巨大成功，先后获得诺贝尔物理奖和化学奖，成就了科学界的神话。取得如此辉煌成就，那两把椅子功不可没。

　　在巨大的荣誉和金钱面前，居里夫人表现得十分淡定，就像她当初只要两把椅子一样，为了避免记者纠缠，居里夫人不得不

居里夫妇

乔装打扮，躲到乡下居住，因为她需要安静，需要继续工作。尽管如此，还是有个别的记者找到了她，无可奈何的居里夫人只好严肃地告诫记者说："在科学上，我们应该注意事，而不应该注意人。"

皮埃尔因车祸去世后，他坐过的那把椅子，就成了居里夫人永恒的怀念。看到那把椅子，就想起了与皮埃尔工作和生活的点点滴滴。居里夫人将自己的一生奉献给了科学事业，而那两把椅子也陪伴着她终其一生。

惜时如金的莎士比亚

莎士比亚是400年前文艺复兴时期的英国大戏剧家、大诗人，1564年出生，1616年去世。他24岁时开始写作，在短短20年里，写了37部剧本，2部长诗，154篇十四行诗，给后人留下了丰厚的精神财富。他的剧本全都是享有盛名的大作，400年来在欧洲各国反复上演；近百年来又被多次重拍成电影。在中国，莎士比亚的许多剧作同样也是家喻户晓。为了纪念他，众多国家发行了邮票。

马克思称莎士比亚是"人类最伟大的天才之一"。确实，莎翁很有天赋，口齿伶俐，仪态潇洒，具有表演才能。但是，他的成功更多的是来自他的勤奋。莎士比亚有句名言："放弃时间的人，时间也放弃他"。他非常珍惜时间，从不放弃点滴空闲。莎翁少年时代在当地的一所"文学学校"学习，

莎士比亚

学校要求非常严格，因而他受到了很多的基础教育。在校6年，他硬是挤出时间，读完了学校图书馆里的上千册文艺图书，还能背诵大量的诗作和剧本里的精彩对白。

莎士比亚从小喜爱戏剧。他出生在一个富裕家庭，父亲是镇长，喜欢看戏，经常招来一些剧团到镇上演出。每次，莎士比亚都看得非常入迷。镇上没有演出时，他就召集孩子们仿效剧中的人物和情节演戏。他还自编、自导、自演一些镇上发生的事，很小就表现出非凡的戏剧才能。后来，父亲因投资失败而破产，13岁的莎士比亚走上了独自谋生的道路。他当过兵，做过学徒，当过瓦匠，干过小工，还做过贵族的管家和乡村教师。在为养家糊口的奔波中，他对各种各样的人物进行了细致的观察，还记录了他们很有个性的对话，这些都为他日后的创作，积累了素材。

莎士比亚22岁时来到伦敦。对戏剧的强烈追求，让他在一家剧场里找到了看门的工作。起初，他只是给看戏的达官贵人们牵马看车。之后，他用挣来的小费转付给一些小孩帮他完成工作，自己却抓紧时间到剧场里去观看演出。慢慢的，莎士比亚开始在演出中跑跑龙套、当配角。对此，他感到很高兴，因为这样可以使自己能在舞台上更近距离地观摩到演员们的表演。

后来，莎士比亚当了"提词"。躲在道具里的他在做好本职工作的同时，还抽空把自己对每个演员演出时的观感记录下来。正当莎士比亚成为正式演员时，欧洲开始流行鼠疫，成千上万的人死去，剧场被迫关门。

老板和演员们都出外躲避鼠疫，莎士比亚却选择了留下来看守剧院。在经济极度萧条的两年里，莎士比亚抓紧时间阅读了大量的书籍，整理了自己各个时期的笔记，修改了好几部剧本，并开始了新剧本的创作。等到英国经济复苏、演出重新红火的时候，莎士比亚的剧作一炮打响，他本人也由此成了最杰出的演员。

莎士比亚的成功，在于他懂得珍惜点滴时间进行学习、思索和创作。他的剧作源于生活，高于生活，不仅文字优美、语言丰富、人物个性鲜明，而且对白也极富韵律，使观众很容易从内心里生发出感同身受的情绪。

时间

巴尔扎克的时间表

巴尔扎克在二十年的写作生涯中，写出了九十多部作品，塑造了两千多个不同类型的人物形象，他的许多作品成了世界名著。

"燕子去了，有再来的时候；桃花谢了，有再开的时候。但是，聪明的，你告诉我，我们的日子为什么一去不复返呢？——是有人偷了他们吧：那是谁？又藏在何处呢？是他们自己逃走了吧：现在又到了哪里呢？"

读过朱自清散文《匆匆》的人，大都有一种怅然若失的感觉。是啊，岁月的脚步是那么匆忙，毫不顾惜你的感慨和嗟叹。正因如此，那些有进取心、有紧迫感的人们，总是把时间抓得死死的，一时一刻也不敢懈怠。让我们来看一看法国作家巴尔扎克的时间表吧：

晚上8：00—12：00就寝。

12：00—早晨8：00写作，夜半准时起床，一直写到天亮。

早晨8：00—下午5：00除早午餐外，校对修改作品清样。

下午5：00—晚上8：00晚餐之后外出办理出版事务，或走访一位贵夫人，或进古玩店过把瘾——寻求一件珍贵的摆设或一幅古画，新的循环开始。

这位每天只睡4小时，身高不足1.6米的文学巨匠，摒弃了巴黎的都市繁华和喧嚣，一个人静夜独坐，手握鹅毛笔管，蘸着心血和灵感，写了96部小说，演绎了一部《人间喜剧》。热爱生活、勤奋惜时的巴尔扎克只活了51岁，他的作品会使他流芳百世。

想起法国著名画家柯罗的一件事。一位青年画家慕名而来，拿出自己的作品请求大师指点。柯罗耐心指出了几处缺陷。那位青年非常感激，临走时说："我明天全部修改。"画家激动地说："为什么不是今天呢？要是明天你死了呢？"——一个人若能如此设想，他会在"明天"到来之前做好多少事情啊！

巴尔扎克

两千多年前，一位东方哲人坐在一条渡船上，看到汩汩逝水中自己苍老的面容，不禁感慨道："逝者如斯夫，不舍昼夜。"无情的时间长河带走了历史和这位哲人，他的话语却在烟波浩淼中沉淀下来，熠熠闪光，警策后人。

我国著名经济学家王亚南教授，中学时期曾有过"锯床惊梦"的雅闻：他把睡床一条腿的三分之一锯去，夜里一翻身，床就歪斜，他就能立刻惊醒，爬起来继续学习。凭着这种精神，他后来精通了文、史、经、哲，写出了300多篇论文，出版了40多部译著，在经济学界卓越不凡。

当一个人感受到生活中有一种力量驱使他翱翔时，他是决不会爬行的。嘀嗒，嘀嗒——在时钟冷漠单调的声音里，你感受到了一种驱使自己的力量了吗？那么你是飞翔呢还是爬行？

珍惜时间读书的毛主席

几十年来，毛主席一直很忙，可他总是挤出时间，哪怕是分分秒秒，也要用来看书学习。他的中南海故居，简直是书天书地，卧室的书架上，办公桌、饭桌、茶几上，到处都是书，床上除一个人躺卧的位置外，也全都被书占领了。

时间

　　为了读书,毛主席把一切可以利用的时间都用上了。在游泳下水之前活动身体的几分钟里,有时还要看上几句名人的诗词。游泳上来后,顾不上休息,就又捧起了书本。连上厕所的几分钟时间,他也从不白白地浪费掉。一部重刻宋代淳熙本《昭明文选》和其他一些书刊,就是利用这时间,今天看一点,明天看一点,断断续续看完的。

　　毛主席外出开会或视察工作,常常带一箱子书。途中列车震荡颠簸,他全然不顾,总是一手拿着放大镜,一手按着书页,阅读不辍。到了外地,同在北京一样,床上、办公桌上、茶几上、饭桌上都摆放着书,一有空闲就看起来。

　　毛主席晚年虽重病在身,仍不废阅读。他重读了解放前出版的从延安带到北京的一套精装《鲁迅全集》及其他许多书刊。

　　有一次,毛主席发热到39度多,医生不准他看书。他难过地说,我一辈子爱读书,现在你们不让我看书,叫我躺在这里,整天就是吃饭、睡觉,你们知道我是多么的难受啊!工作人员不得已,只好把拿走的书又放在他身边,他这才高兴地笑了。

　　毛主席从来反对那种只图快、不讲效果的读书方法。他在《读韩昌黎诗文全集》时,除少数篇章外,都一篇篇仔细琢磨,认真钻研,从词汇、句读、章节到全文意义,哪一方面也不放过。通过反复诵读和吟咏,韩集的大部分诗文他都能流利的背诵。《西游记》、《红楼梦》、《水浒传》、《三国演义》等小说,他从小学的时候就看过,到了六十年代又重新看过。他看过的《红楼梦》的不同版本差不多有十种以上。一部《昭明文选》,他上学时读,五十年代读,六十年代读,到了七十年代还读过好几次。他批注的版本,现存的就有三种。

　　一些马列、哲学方面的书籍,他反复读的遍数就更多了。《联共党史》及李达的《社会学大纲》,他各读了十遍。《共产党宣言》、《资本论》、《列宁选集》等等,他都反复研读过。许多章节和段落还作了批注和勾画。

　　几十年来,毛主席每阅读一本书,一篇文章,都在重要的地方划上圈、杠、点等各种符号,在书眉和空白的地方写上许多批语。有的还把书、文中精

151

当的地方摘录下来或随时写下读书笔记或心得体会。毛主席所藏的书中，许多是朱墨纷呈，批语、圈点、勾画满书，直线、曲线、双直线、三直线、双圈、三圈、三角、叉等符号比比皆是。

毛主席的读书兴趣很广泛，哲学、政治、经济、历史、文学、军事等社会科学以至一些自然科学书籍无所不读。

在他阅读过的书籍中，历史方面的书籍比较多。中外各种历史书籍，特别是中国历代史书，毛主席都非常爱读。从《二十四史》、《资治通鉴》、历朝纪事本末，直到各种野史、稗史、历史演义等他都广泛涉猎。他历来提倡"古为今用"，非常重视历史经验。他在他的著作、讲话中，常常引用中外史书上的历史典故来生动地阐明深刻的道理，他也常常借助历史的经验和教训来指导和对待今天的革命事业。

毛主席对中国文学方面的书籍也读得很多，他是一个真正博览群书的人。